"课程思政＋核心素养＋分层教学"立体化新理念·新课标教材

图像处理与设计
（Photoshop）

主　编　史宇宏　　陈玉蓉　　孙　涛
副主编　曲艳梅　　顾宏伟

电子工业出版社
Publishing House of Electronics Industry
北京·BEIJING

内容简介

本书以 Photoshop 图像处理为主线，构建立体化的学习框架。本书从多层次、多角度介绍使用 Photoshop 进行图像处理与设计的完整流程，不仅可以帮助学生解决未来生活、工作中的相关问题，还可以培养学生的职业思维、岗位技能和价值创造能力。本书内容翔实、条理清晰、通俗易懂、简单实用，以推进课程思政为指导，以增强职业素养为中心，以满足应用需求为导向，完善了教学环节中的思想与技能教育，强化德技并修的育人途径，将思想性、技术性、人文性、趣味性与实用性有机结合起来，既可以作为专业课教材，又可以作为职业型工作手册。

本书对接多个专业和图像处理与设计的课程标准，衔接对应的职业岗位要求，不仅可以作为应用型本科及职业院校计算机类专业学生的教材，还可以作为图像处理与设计培训班学员的资料及广大用户的参考用书。

图书在版编目（CIP）数据

图像处理与设计 ：Photoshop ／ 史宇宏，陈玉蓉，孙涛主编. -- 北京 ：电子工业出版社，2024．7.
ISBN 978-7-121-48380-6

Ⅰ．TP391.413

中国国家版本馆CIP数据核字第202470VU12号

责任编辑：罗美娜
印　　刷：中国电影出版社印刷厂
装　　订：中国电影出版社印刷厂
出版发行：电子工业出版社
　　　　　北京市海淀区万寿路173信箱　　　　邮编：100036
开　　本：880×1230　1/16　　印张：16.75　　字数：365千字
版　　次：2024年7月第1版
印　　次：2024年7月第1次印刷
定　　价：58.00元

凡所购买电子工业出版社图书有缺损问题，请向购买书店调换。若书店售缺，请与本社发行部联系，联系及邮购电话：（010）88254888，88258888。

质量投诉请发邮件至 zlts@phei.com.cn，盗版侵权举报请发邮件至 dbqq@phei.com.cn。

本书咨询联系方式：（010）88254617，luomn@phei.com.cn。

本书以党的二十大精神为统领，全面贯彻党的教育方针，落实立德树人根本任务，践行社会主义核心价值观，铸魂育人，坚定理想信念，坚定"四个自信"，为全面推进中华民族伟大复兴培育技能型人才。

本书遵循由浅入深、由易到难、由点到面的设计原则介绍图像处理与设计的相关知识。本书采用案例引导的基本方法来组织内容，将图像处理与设计的相关知识融入不同应用领域的案例中，符合学生从接收知识、消化知识到应用和转化知识的认知发展规律。

本书在整体规划与内容编排方面独具匠心，形成了具有鲜明特色的知识框架。

1. 内容覆盖全面，结构清晰合理

本书按照图像处理与设计的主要流程来安排内容，全面介绍了使用 Photoshop 进行图像处理与设计的全过程，不仅有利于学生了解各应用领域的理论知识，还可以拓宽学生的知识视野。

2. 知识点精练，实用性更强

本书既注重全面性，又注重学习效果与实用性。在全面介绍 Photoshop 的应用领域、职业前景、职业规范化要求等与职业相关的知识，以及图像处理与设计的工作流程、方法和技巧等基本操作的知识的同时，本书还对软件知识点进行精心提炼，用通俗易懂的语言来描述专业性的概念、命令及操作过程，并将其融入案例中，激发学生的学习兴趣，强化学生的职业技能，使学生的学习更轻松，掌握的技能更实用。

3. 可灵活安排日常教学和自主学习

本书的设计宗旨之一就是便于不同层次的读者开展自主学习与自主探索。但由于软件本身的特点，编者建议的教学课时为 80 ~ 100 课时，知识讲解与实训的课时比例建议为 1∶2。教师和学生也可以根据自身情况与需求，灵活安排课时。例如，教师可以重点讲解书中的知识要点，学生可以参考教师的讲解或案例操作视频，先对课堂实训开展自主学习，再由教师进行必要的辅导。另外，部分章节安排了课堂练习和知识拓展等，用来锻炼学生自主学习和

解决问题的能力。由于本书采用四色印刷，书中部分图片细节及颜色较难区分，请读者在软件中结合源文件进行识别。

4. 适合中高职融通化教学

根据实践应用的难易顺序和学生的心理接受过程，本书将"知"与"行"进行融合并交替展开，兼顾了中等及高等职业院校的计算机辅助设计能力培养需求。因此，本书不仅适合中专、中职、技工院校开展计算机软件课程教学使用，还可以作为高职、高专院校计算机专业的教材。

5. 提供丰富的配套教学资源

本书配有教学参考资料包，包括 PPT 课件、教案与教学指南、案例操作视频、课后习题答案等，以便教师开展日常教学。如有需要，可登录华信教育资源网免费下载。

- 素材文件：本书所使用的素材文件。
- 效果文件：本书所有案例的效果文件。
- 操作视频：本书部分章节的视频讲解文件。
- 知识拓展：本书知识拓展内容。
- PPT 课件：本书的 PPT 课件。
- 思政：配套的思政文件。
- 答案：本书配套的"知识巩固与能力拓展"模块的答案。
- 教案与教学指南：配套的电子教案与教学指南文件。

本书由史宇宏、陈玉蓉、孙涛担任主编，曲艳梅、顾宏伟担任副主编，史宇宏负责统筹全书内容并统稿，陈玉蓉负责全书的文字校对与纠错，哈尔滨师范大学的孙涛老师负责编写第 1～5 章，黑龙江林业职业技术学院的曲艳梅老师负责编写第 6～8 章，哈尔滨师范大学的顾宏伟老师负责编写第 9～10 章，在此表示感谢。

虽然编者在本书的规划设计和编写过程中倾注了大量的精力与心血，但由于个人能力有限，书中难免存在不足之处，恳请广大读者不吝指教，以便进行改正和完善（编者的 E-mail 为 yuhong69310@163.com）。

编　者

CONTENT

开篇——Photoshop 与图像处理 第 1 章

工作任务分析

本章的主要任务是了解 Photoshop 与图像处理的关系，具体内容包括了解 Photoshop 的应用领域、职业前景、Photoshop 2023 的基本操作等相关知识，从而开阔学生的视野，激发学生的职业认同感及学习 Photoshop 2023 的热情。

知识学习目标

- 了解 Photoshop 的应用领域。
- 了解 Photoshop 图像处理的职业前景。
- 了解 Photoshop 图像处理的热门行业。
- 熟悉 Photoshop 2023 的工作界面与基本操作。
- 了解 Photoshop 2023 的 AI 技术。

技能实践目标

- 能够熟悉 Photoshop 2023 的界面布局。
- 能够对 Photoshop 2023 的工作界面进行个性设置。

1.1 Photoshop 的应用领域

Photoshop 是由 Adobe 公司开发的一款图形图像处理软件，自该软件问世，就成了国内、外图形图像处理领域不可或缺的软件。本节主要介绍 Photoshop 的应用领域。

1.1.1 Photoshop 在平面广告设计中的应用

一百多年前，广告设计的创作手法主要依靠手工绘画，具有强烈的绘画性，属于绘画艺术。直到 20 世纪 80 年代，广告设计才逐步成为一种成熟的、独立的设计艺术门类。计算机的诞生及 Photoshop 的问世，使得广告设计师有了强大的助手。Photoshop 强大的文字处理、图像颜色校正、版面排版，以及图像合成和图像特效处理等功能，使得广告设计工作变得轻松、高效、效果突出。

Photoshop 强大的图像处理和设计功能，在平面广告设计中表现优秀，无可替代。图 1-1

所示为使用 Photoshop 设计制作的公益广告作品。

图 1-1　使用 Photoshop 设计制作的公益广告作品

1.1.2　Photoshop 在 DM 广告设计中的应用

DM 广告是一种以邮件的形式，有针对性地寄送广告的宣传方式，是仅次于电视、报纸的第三大平面媒体。DM 广告是目前最普遍的广告形式。DM 广告除了用邮寄的方式，还可以借助其他媒介（如传真、杂志、电视、电话、电子邮件，以及直销网络、柜台散发、专人送达、来函索取、随商品包装发出等）进行传递。与其他媒介的最大区别在于，DM 广告可以直接将广告信息传送给真正的受众。

Photoshop 具有强大的图像处理和版面排版功能，在 DM 广告设计和制作中同样有不俗的表现。图 1-2 所示为使用 Photoshop 设计制作的 DM 广告作品。

图 1-2　使用 Photoshop 设计制作的 DM 广告作品

1.1.3　Photoshop 在 POP 广告设计中的应用

所谓 POP 只是广告的一种称谓，其实 POP 广告在我国古代就已经有了，只是那时不称作 POP 广告，而是称作招牌。例如，在我国古代的酒店外面悬挂的酒葫芦、酒旗，饭店外面悬挂的幌子，客栈外面悬挂的幡帜，药店门口悬挂的药葫芦、膏药，以及店面内的一些牌匾等，这些其实就是现在 POP 广告的前身。在 20 世纪 30 年代，美国 POP 广告协会正式成立后，POP 广告才获得正式地位。20 世纪 30 年代以后，POP 广告在美国的超级市场、连锁店等自助式商店中频繁出现，于是逐渐为商界所重视；20 世纪 60 年代以后，超级市场这种自助式销售方式由美国逐渐扩展到世界各地，于是 POP 广告也随之走向世界各地。

　　Photoshop 具有强大的图像处理和版面排版功能，在 POP 广告设计和制作中同样有不俗的表现。图 1-3 所示为使用 Photoshop 设计制作的商场 POP 广告作品。

图 1-3　使用 Photoshop 设计制作的商场 POP 广告作品

1.1.4　Photoshop 在贺卡和名片设计中的应用

　　贺卡和名片是我们生活交往中所必需的一种社交工具，在遇到喜庆节日或事件时，总会相互赠送贺卡以表示相互问候和祝贺。例如，生日时，我们都会收到亲朋的生日贺卡；圣诞节、元旦及春节时，我们会收到节日贺卡；母亲节、父亲节时，儿女会给父母赠送贺卡，以表达对父母的祝福和问候；情人节时，恋爱中的男女也会互赠贺卡，表达对对方的爱恋；新婚时，新郎、新娘会给亲朋好友送喜帖，邀请他们参加自己的婚礼。互赠贺卡其实是我们相互表达感情、联络感情的一种方式。而名片与贺卡不同，其主要作用是宣传自我、宣传企业，以及个人信息的传达。

　　Photoshop 具有强大的图像处理、版面排版和设计功能，在贺卡和名片设计中同样出色。图 1-4 所示为使用 Photoshop 设计制作的新年贺卡作品。

图 1-4　使用 Photoshop 设计制作的新年贺卡作品

1.1.5　Photoshop 在包装设计中的应用

所谓"包装"，是指在流通环节保护商品、方便储运、促进销售、方便使用，按照一定的技术方法所采用的容器、材料和辅助物等的总体名称，也指为了达到上述目的在采用容器、材料和辅助物的过程中施加一定技术方法的操作活动。"包装设计"需要从保护商品、方便储运、促进销售、方便使用的角度，进行容器、材料和辅助物的造型、结构设计及其信息传达、装饰设计，从而达到美化生活和创造价值的目的。

Photoshop 具有强大的图像处理和三维特效设计功能，在包装设计和制作中同样效果出色。图 1-5 所示为使用 Photoshop 设计制作的月饼包装盒作品。

图 1-5　使用 Photoshop 设计制作的月饼包装盒作品

1.1.6　Photoshop 在创意特效字体设计中的应用

创意特效字体设计包括创意字体设计与特效字体设计两部分，其应用范围非常广泛，无论是平面广告设计、包装设计、贺卡设计、名片设计，还是三维影视动画片头，都离不开创意特效字体设计。

创意特效字体设计除了可以使用 CoreIDRAW 或 Illustrator，还可以使用 Photoshop。图 1-6 所示为使用 Photoshop 设计制作的各种创意特效字体。

图 1-6　使用 Photoshop 设计制作的各种创意特效字体

1.1.7　Photoshop 在效果图后期处理中的应用

效果图制作是目前比较热门的职业之一，在效果图制作的前期，一般使用 3ds Max 完成。但是，在效果图制作的后期，尤其是在室外效果图的后期处理过程中，需要通过 Photoshop 对室外效果图的光、色、饰物、配景等进行处理，以丰富设计内容，详尽表现设计意图。

图 1-7 所示为使用 Photoshop 对通过 3ds Max 设计制作的住宅楼室外效果图进行后期处理。

图 1-7　使用 Photoshop 对室外效果图进行后期处理

1.1.8　Photoshop 在数码图像处理中的应用

数码图像处理目前非常普遍。无论是外出旅游，还是日常生活中随手拍摄的一些照片，都可以通过 Photoshop 对其进行美化处理。例如，调整色调、提高清晰度、消除照片噪点、美白人物肌肤等，这些工作都是 Photoshop 的拿手绝活。

图 1-8 所示为使用 Photoshop 对女孩照片进行色彩校正前、后的效果对比。

图 1-8　使用 Photoshop 对女孩照片进行色彩校正前、后的效果对比

1.2　Photoshop 图像处理的职业前景与就业方向分析

Photoshop 作为一款图像处理软件，被广泛应用于多个设计行业，其中较热门的行业分

别为平面设计及数码图像处理。本节针对这两大行业，对 Photoshop 图像处理的职业前景与就业方向进行分析。

1.2.1　Photoshop 图像处理的职业前景与从业资格分析

Photoshop 图像处理的职业分布广，涉及多个行业，具体如下。

1．平面设计

平面设计包含平面广告设计和包装设计两大类，其中平面广告设计又包含户外广告设计、DM 广告设计、POP 广告设计、电商设计、贺卡设计、名片设计等。

近几年，我国经济结构的不断完善和各行业的蓬勃发展，推动了产品包装与广告宣传等行业的蓬勃发展，使得与这些行业有关的职业都遇到了前所未有的发展机遇，其职业前景非常好。

平面设计是一门具有一定专业技术要求的职业。学生需要经过相关专业的学习，并掌握一定的美术设计知识、印刷知识及 Photoshop 的操作技能，在具备了平面设计的专业能力后，即可从事与平面设计有关的工作。

2．数码图像处理

数码图像处理不仅在我们的日常生活中有着广泛的应用，还在航天、航空、生物医学工程、通信工程、工业工程、军事、公安、文化艺术、机器人视觉、视频和多媒体系统、科学可视化、电子商务等多方面都大有可为。

随着数码电子产品的不断发展，拍摄一张照片已变得越来越轻松、简单，不需要专业技能和专业设备，只需一部手机，人们就可以随时随地拍摄一张张数码照片来记录自己的日常生活，这显然已成为一种时尚。

然而，有时拍摄的数码照片总会有一些瑕疵，此时数码图像处理就显得尤为重要，这使得数码图像处理成了一种职业。该职业技术要求并不高，学生只需掌握一定的美术知识和 Photoshop 的操作技能，即可从事数码图像处理工作。

3．建筑环境艺术设计

随着我国经济的不断发展和人们生活水平的不断提高，人们对生活环境的要求越来越高，这使建筑环境艺术设计行业迎来了难得的发展机遇，也带动了与之相关的其他行业的发展。

在建筑环境艺术设计中，除了专业设计人员，还需要设计图的后期处理人员。这类人员的技术要求并不高，不需要掌握更加专业的建筑环境艺术设计知识，只需掌握一定的美术设计知识和 Photoshop 的基本操作技能，即可对建筑环境艺术设计图进行后期完善和美化。例如，添加花草、树木、飞鸟、人物等各种配景，使建筑环境艺术设计效果更加逼真。

4．其他行业

除了以上三大行业外，Photoshop 图像处理还被应用于影视、游戏、动画、建筑工程，以及人工智能等多个行业。学生在掌握 Photoshop 图像处理技能后，就有机会从事与之相关的工作。

1.2.2　Photoshop 图像处理的就业方向与职位分布分析

根据行业的不同，Photoshop 图像处理的就业方向与职位分布也有所不同，下面就对此进行分析。

1.　平面设计行业的就业方向与职位分布

平面设计是一门综合性较强的学科，其职业分布非常广，就业方向很多。学生根据所学专业的不同，在平面设计行业的就业方向与职位分布上也有所不同，具体如下。

①进入广告公司、平面设计公司、包装公司等设计单位，成为平面设计师。

②参加公务员考试，进入城市规划等设计单位，成为公务员。

③进入房地产行业，成为建筑环境艺术设计的后期处理人员。

④进入游戏、动画与影视公司成为原画师或平面设计师。

⑤成立个人工作室，从事与设计有关的工作。

2.　数码图像处理行业的就业方向与职位分布

数码图像处理的专业性较强，但技术要求并不高，因此该行业的就业方向与职位分布如下。

①进入摄影、摄像公司，从事数码图像处理工作。

②进入广告公司、平面设计公司、包装公司等设计单位，从事数码图像处理工作。

③参加公务员考试，成为社区服务行业的工作人员。

④自己当老板从事数码图像处理工作。

3.　建筑环境艺术设计行业的就业方向与职位分布

建筑环境艺术设计的专业性较强，因此该行业的就业方向与职位分布如下。

①进入建筑设计公司，从事建筑设计的后期处理工作。

②进入装饰设计公司，从事室内外装饰装潢设计图的后期处理工作。

③参加公务员考试进入城建局、规划局等政府单位成为公务员。

④创办个人工作室，从事室内外后期处理工作。

4.　其他行业的就业方向与职位分布

Photoshop 图像处理的职位分布非常广泛，其方向与个人职业能力和职业素养有关，基本就业方向与职位分布包括项目设计、项目管理等方面的工作。

1.2.3 Photoshop 图像处理的职业薪资待遇分析

无论将来从事平面设计、数码图像处理、建筑环境艺术设计的后期处理工作，还是其他设计工作，Photoshop 图像处理都属于技术类职业。由于这类职业对从业人员的职业技能与职业素养要求相对较高，因此其薪资待遇一般都普遍高于本地平均工资待遇的 30%。另外，作为技术类职业，其涨薪也较快，基本都是每年涨薪一次，涨薪幅度在 20% ～ 50%。随着就业时间的增长和职业技能的进一步提高，Photoshop 图像处理的职业薪资的涨薪幅度会更大。

1.3 Photoshop 2023 的工作界面

本节先认识 Photoshop 2023 的工作界面，为后续深入学习 Photoshop 2023 奠定基础。

1.3.1 课堂讲解——启动并进入 Photoshop 2023 工作区

当成功安装 Photoshop 2023 后，单击 Windows 桌面左下角的图标，在弹出的程序菜单中执行 "Adobe Photoshop 2023" 命令，或者双击 Windows 桌面上的 Photoshop 2023 快捷启动图标，即可启动该程序，进入 Photoshop 2023 的主页界面，如图 1-9 所示。

图 1-9　Photoshop 2023 的主页界面

在 Photoshop 2023 的主页界面中可以进行新建图像文件、打开图像文件，或者打开用户最近打开过的图像文件等相关操作。例如，在 "最近使用项" 选区中，单击 "综合案例——电商主图设计 .psd" 文件，即可打开该文件并进入 Photoshop 2023 的工作区。Photoshop

2023 的工作区主要包括：菜单栏、选项栏、工具箱、浮动面板、图像编辑窗口，以及状态栏 6 个区域，如图 1-10 所示。

图 1-10 Photoshop 2023 的工作区

Photoshop 2023 会根据工作内容的不同，设置不同的工作区。执行"窗口"→"工作区"的子菜单命令，可以打开不同的工作区，也可以复位、新建、删除或锁定工作区，还可以设置快捷键，如图 1-11 所示。

图 1-11 "工作区"的子菜单

在 Photoshop 2023 的主页界面中，单击"学习"按钮，即可进入 Photoshop 2023 的学习界面，如图 1-12 所示。

该界面可以让 Photoshop 2023 初学者首先了解一些基础知识。例如，在联网的情况下，单击"初步了解选区工具"按钮，弹出"发现"对话框，单击"启动教程"按钮，即可进入选区工具的学习界面，使用户可以根据需要学习有关选区工具的相关知识，如图 1-13 所示。

图 1-12　Photoshop 2023 的学习界面

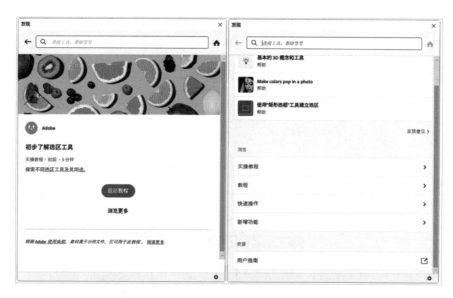

图 1-13　进入选区工具的学习界面

1.3.2　课堂讲解——菜单及其操作

菜单是 Photoshop 2023 的重要组成部分，图像的大多数效果都要依靠菜单来实现。例如，打开文件、保存文件、编辑处理文件、编辑选区、图像特效合成，以及图像特效处理等。

菜单的操作比较简单，主要有以下两种方式。

（1）将鼠标指针移到菜单栏的菜单上，单击鼠标左键弹出菜单的下拉列表，将鼠标指针移到要执行的菜单命令上，再次单击鼠标左键；执行该菜单命令，如图 1-14 所示。

（2）在菜单栏中，每一个菜单的名称后面都有英文字母，该英文字母为菜单的快捷键，执行"Alt+ 菜单快捷键"弹出菜单下拉列表，先按键盘中向下、向上、向右的方向键选择子菜单，再按键盘中的"Enter"键，即可执行菜单命令。

图 1-14　执行菜单命令

（3）有些菜单的名称后面标有省略号，说明执行该菜单命令将弹出一个对话框，而有些菜单显示为灰色，说明此菜单命令目前不可以操作，主要原因与图像的色彩模式、图层属性、图像透明区域等有关。

1.3.3　课堂讲解——工具及其应用

Photoshop 2023 的工具主要分为选取工具、绘图工具、编辑工具，以及文字工具，这些工具都放在 Photoshop 2023 的工具箱中。每一个工具，系统都为其设置了快捷键。例如，将鼠标指针移到"移动工具" ✛按钮位置，稍等片刻，即可显示该工具名称、快捷键、作用，以及动态演示效果，如图 1-15 所示。

我们可以采用以下两种方法选取工具。

（1）按键盘中工具的快捷键，激活并选取工具。

（2）将鼠标指针移到工具按钮上单击鼠标左键，激活并选取工具。

由于工具众多，在系统的默认状态下工具箱中只显示部分工具，其他工具处于隐藏状态。将鼠标指针移到右下角带有黑色三角形的工具按钮上，按住鼠标左键稍停留片刻，或者直接单击鼠标右键，会显示隐藏的工具，如图 1-16 所示。将鼠标指针移到相应的工具按钮上再次单击鼠标左键，即可激活并选取该工具。

图 1-15　显示工具的功能与快捷键

图 1-16　显示隐藏工具

执行菜单栏中的"窗口"→"工具"命令，可以隐藏或显示工具箱。另外，按住"Shift"键的同时，反复按键盘中工具的快捷键，可以在隐藏工具和显示工具之间切换。

1.3.4 课堂讲解——认识选项栏及其作用

选项栏用于设置工具的参数及选项等属性。在默认设置下，当激活一个工具后，会在菜单栏的下方显示其选项栏。例如，激活"矩形选框工具" ⬚，显示其选项栏，将"羽化"设置为"10像素"，创建矩形并填充颜色，发现选区具有羽化效果，如图1-17所示。

图 1-17　在选项栏中设置工具的羽化值

执行"窗口"→"选项"命令，可以显示或隐藏选项栏。

1.3.5 课堂讲解——浮动面板及其操作

浮动面板是对Photoshop 2023中所有工作面板的统称。Photoshop 2023中的面板都放置在菜单栏的"窗口"菜单下，执行相关的菜单命令，即可打开所需的浮动面板，如图1-18所示。

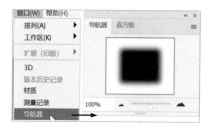

图 1-18　打开浮动面板

在系统的默认状态下，浮动面板以面板组的形式放置在界面的右侧，并且每个浮动面板在功能上都是独立的。用户可以通过单击面板标签在各面板之间进行切换，如图1-19所示。

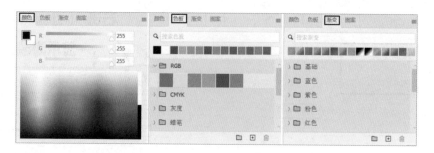

图 1-19　切换面板

　　用户也可以将鼠标指针移到浮动面板的标签（面板名称）处，按住鼠标左键直接将其从面板组中分离出来，并拖到界面的其他位置，如图 1-20 所示。

　　用户还可以使面板组以图标的形式排列在工作区的右侧，以节省界面空间。方法为：单击面板组右上方的"折叠为图标"按钮，即可将面板组折叠为图标，并固定在界面的右上方，如图 1-21 所示。

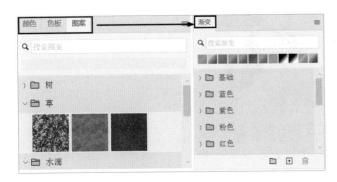

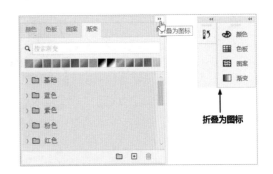

图 1-20　分离面板　　　　　　　　　　　图 1-21　将面板折叠为图标

　　再次单击面板组右上角的"折叠为图标"按钮，即可将其扩展为面板组，并固定在界面的右上方。

1.3.6　课堂讲解——认识图像编辑窗口

　　图像编辑窗口是用户编辑图像的区域，位于界面中间位置。当打开一个图像后，图像会出现在固定的图像编辑窗口中，并在图像标题栏中显示图像的许多有用信息，如图像的名称、保存路径、显示比例、色彩模式，以及目前所操作的图层等，如图 1-22 所示。

图 1-22　固定的图像编辑窗口

用户可以将鼠标指针移到图像标题栏上，按住鼠标左键将其拖到图像编辑窗口中，此时，图像将浮动于图像编辑窗口，形成自身的编辑窗口，如图1-23所示。

图1-23　浮动的图像编辑窗口

1.3.7　课堂讲解——了解状态栏的作用

如果图像出现在固定的图像编辑窗口中，那么位于工作区底部的状态栏会显示当前图像的显示比例，以及实际大小、分辨率等信息，如图1-24所示。

如果图像出现在浮动的图像编辑窗口中，那么位于图像下方的状态栏只会显示当前图像的显示比例，如图1-25所示。

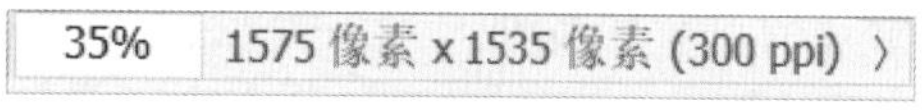

| 35% | 1575 像素 x 1535 像素 (300 ppi) 〉 |

图1-24　状态栏（1）

| 35% | 〈 |

图1-25　状态栏（2）

用户可以重新设置当前图像的显示比例，以便查看图像，方法为：先选中显示比例，再重新输入新的显示比例，按"Enter"键即可。

1.4　Photoshop 2023 的基本操作

Photoshop 2023 的基础操作主要包括：新建图像文件、打开图像文件、保存图像文件、导出图像文件，以及缩放、查看与旋转图像等。

1.4.1　课堂讲解——新建图像文件

启动 Photoshop 2023 并进入其主页界面，单击"新建"按钮，或者执行"文件"→"新建"命令，弹出"新建文档"对话框。在该对话框中，系统提供了不同用途和规格的文件模板，具体包括最近使用的文件、已保存的文件、符合照片要求的文件、满足打印要求的文件、图稿和插图文件、Web 文件、移动设备文件，以及胶片和视频文件的模板。用户可以根据不同的用途，选择符合要求的文件模板。例如，在"新建文档"对话框中，选择"打印"选项卡中的"A4"模板，单击"创建"按钮，即可新建一个 A4 幅面的图像文件，如图 1-26 所示。

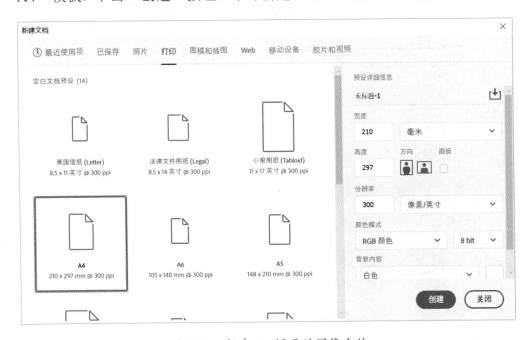

图 1-26　新建 A4 幅面的图像文件

如果系统预设的文件模板不能满足要求，则可以在右侧重新设置图像文件的宽度、高度、分辨率、颜色模式，以及背景内容等。

- 未标题：用于输入新建文件的名称。
- 宽度：用于设置文件的宽度，单位有"像素""厘米""英寸"等。
- 高度：用于设置文件的高度，单位有"像素""厘米""英寸"等。
- 分辨率：用于设置文件的分辨率。
- 颜色模式：用于设置文件的色彩模式。
- 背景内容：用于设置文件的背景颜色，单击右侧的颜色按钮，为图像背景设置颜色。

设置完成后，单击"创建"按钮，即可新建一个满足要求的图像文件。

1.4.2　课堂讲解——打开图像文件

用户可以打开最近打开过的图像，也可以打开从未打开过的图像。启动 Photoshop 2023 并进入其主页界面，在"最近使用项"选区中显示的是最近打开过的图像文件的缩览图，单击最近打开过的一个图像文件的缩览图，如图 1-27 所示，即可在图像编辑窗口中将其打开。

图 1-27　单击最近打开过的图像文件的缩览图

📋 小贴士

　　在 Photoshop 2023 的主页界面中可以对近期打开过的图像文件按照打开时间、文件大小及文件类型等进行排序，也可以将文件的预览方式设置为"视图预览"或"列表预览"等。另外，在系统的默认状态下，最近打开过的文件为 20 个，用户可以执行"编辑"→"首选项"→"文件处理"命令，在弹出的"首选项"对话框中选择"文件处理"选项，将"近期文件列表包含"设置为最近打开的文件数，如图 1-28 所示。

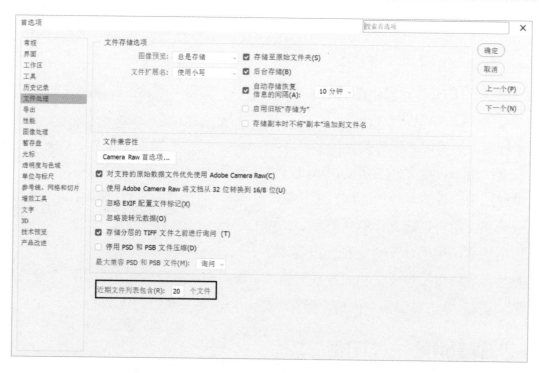

图 1-28　设置近期文件列表

　　如果要打开其他图像文件，则执行"文件"→"打开"命令，在弹出的"打开"对话框中选择要打开的图像文件并单击"打开"按钮，如图 1-29 所示。

图 1-29　选择并打开图像文件

小贴士

　　执行"文件"→"最近打开文件"命令，在其子菜单下，显示最近打开过的 20 个文件（具体文件数取决于"首选项"对话框中设置的文件数），选择任意一个文件，即可将其打开，如图 1-30 所示。

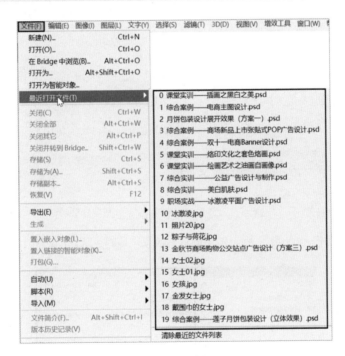

图 1-30　打开图像文件

1.4.3　课堂讲解——保存图像文件

　　在保存文件时，对于没有编辑或不需要保存编辑结果的文件，可以直接执行"文件"→"存储"命令将其保存在原目录下；对于已编辑且需要保存编辑结果的文件，可以执行"文件"→"存储为"命令，重新选择存储路径并命名进行另存。

执行这两个命令后都会弹出"存储为"对话框，在左侧列表框中选择文件要存储的磁盘，在右侧选择文件的详细存储路径，此时上方的地址栏中会显示文件的详细位置，在下方的"文件名"输入框中输入文件的存储名称，单击"保存类型"下拉按钮，在弹出的下拉列表中选择文件存储格式，如图 1-31 所示。

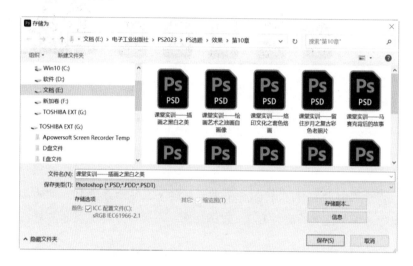

图 1-31 "存储为"对话框

单击"保存"按钮，即可将文件保存。另外，用户也可以执行"文件"→"存储副本"命令，弹出"存储副本"对话框。该对话框的设置与"存储为"对话框的设置完全相同，在设置完存储路径、文件名、保存类型后，可以将图像存储为源图像的副本。

1.4.4 课堂讲解——导出图像文件

在"文件"→"导出"子菜单下，执行相关命令，可以将图层导出为图像，也可以将图像导出为其他格式的文件（例如，导出为 PNG 或 GPEJ 格式的文件），如图 1-32 所示。

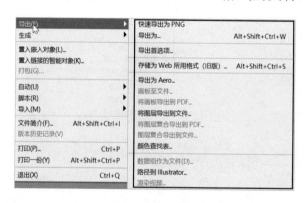

图 1-32 "导出"子菜单

1. "快速导出为 PNG"命令

执行"快速导出为 PNG"命令，弹出"另存为"对话框。该对话框不需要选择存储格式，而是直接将文件导出为 PNG 格式的图像。

　　需要说明的是，"另存为"对话框中的文件存储格式是系统默认的。如果用户想要更改"快速导出为 PNG"命令中默认的 PNG 的导出格式，则执行"导出首选项"命令，在弹出的"首选项"对话框中选择"导出"选项，并在"快速导出格式"下拉列表中选择相应的选项，如图 1-33 所示。快速导出的格式除了默认的 PNG 格式，还有 JPG 和 GIF 两种格式。

图 1-33　"首选项"对话框

2. "导出为"命令

执行"导出为"命令，弹出"导出为"对话框，如图 1-34 所示。

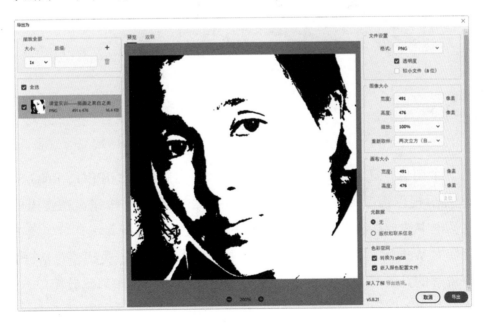

图 1-34　"导出为"对话框

在右侧的"文件设置"选区的"格式"下拉列表中，图像的导出格式包括 PNG、JPG 和 GIF 三种；在"图像大小"选区中设置导出图像的宽度和高度，以及调整缩放的百分比；在"画布大小"选区中设置图像画布的宽度和高度，设置完成后，单击"导出"按钮完成导出。

3. "存储为 Web 所用格式（旧版）"命令

执行"存储为 Web 所用格式（旧版）"命令可以对图像进行优化，使其满足 Web 图像的要求。简单来讲，该命令可以将图像变小，使其能在网页上流畅地运行。

执行"文件"→"导出"→"存储为 Web 所用格式（旧版）"命令，弹出"存储为 Web 所用格式"对话框，选择左上角的"原稿"选项卡、"优化"选项卡、"双联"选项卡和"四联"选项卡，查看不同优化设置下的图像效果，如图 1-35 所示。

图 1-35 "存储为 Web 所用格式"对话框

首先选择一个图像，在右侧选择优化后的格式，包括 GIF、JPEG、PNG-8、PNG-24 和 WBMP 五种；然后根据需要设置其他选项；最后单击"存储"按钮，在弹出的"将优化结果存储为"对话框中选择存储路径并命名，单击"保存"按钮将其保存，如图 1-36 所示。

返回"存储为 Web 所用格式"对话框，单击"完成"按钮，关闭该对话框。

除以上所讲解的几种导出图像的命令之外，其他命令的操作都比较简单。因篇幅所限，此处不再赘述，请读者自行尝试操作。

图 1-36　"将优化结果存储为"对话框

1.4.5　课堂讲解——缩放、平移与旋转图像

使用 Photoshop 2023 可以对图像进行缩放、平移、旋转等操作，以便用户查看图像。

1. 缩放

缩放只改变图像的显示比例，而不会改变图像的实际大小。缩放的目的是查看图像的细节。

激活工具箱中的"缩放工具" ，在图像中单击鼠标左键，每单击一次，图像放大一倍；按住 Alt 键在图像上单击鼠标左键，每单击一次，图像缩小为原来的二分之一。用户也可以在其选项栏中通过设置相关选项或单击相关按钮，从而达到缩放图像的效果，如图 1-37 所示。

图 1-37　"缩放工具"选项栏

2. 平移

当图像放大后，激活工具箱中的"抓手工具" ，可以在图像中按住鼠标左键进行拖动，通过平移图像的方式进行查看，也可以在其选项栏中通过设置相关选项或单击相关按钮，对图像进行查看，如图 1-38 所示。

图 1-38　"抓手工具"选项栏

执行"窗口"→"导航器"命令，弹出"导航器"对话框，左右拖动下方的三角滑块缩

放图像，将鼠标指针移到红色框内（人物的眼睛处），当鼠标指针变为小手形状时，按住鼠标左键进行拖动，可以通过平移图像的方式进行查看，如图 1-39 所示。

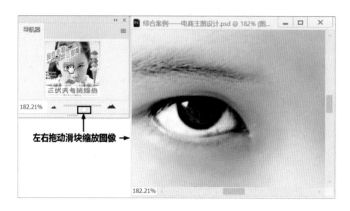

图 1-39　使用"导航器"对话框查看图像

3．旋转

激活工具箱中的"旋转视图工具"🖐，按住鼠标左键进行拖动，可以旋转图像，或者在其选项栏中通过设置"旋转角度"来旋转图像，如图 1-40 所示

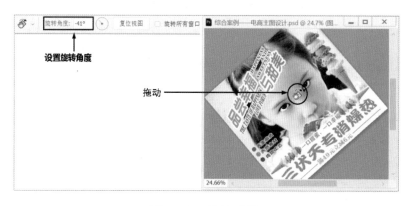

图 1-40　旋转图像

1.5　Photoshop 2023 的 AI 技术

AI 技术就是人工智能技术。人工智能是包括十分广泛的科学，由不同的领域组成，如机器学习，计算机视觉等。总体来说，人工智能的一个主要研究目标是使用机器来实现一些通常需要人类智能才能完成的复杂工作。通过 Photoshop 2023 的 AI 技术，使得以前需要几个小时才能完成的工作，现在分分钟就能搞定，尤其是创意填充技术，可以在几秒钟内带来惊喜效果。用户可以通过简单的文本提示来添加、扩展或移除图像中的内容等，但由于某些原因，Photoshop 2023 的许多 AI 技术在中国大陆不可用。下面就简单了解下 Photoshop 2023 的 AI 技术。

1. 生成对象技术

生成对象技术可以在图像上生成对象。首先选择图像中的一个区域，然后通过文本提示来描述想要添加 / 替换的内容，这样就可以生成对象了，如图 1-41 所示。

图 1-41　生成对象技术

2. 生成背景技术

生成背景技术可以在图像上生成背景。首先选择主题后面的背景，然后根据文本提示生成新的场景，如图 1-42 所示。

图 1-42　生成背景技术

3. 扩展图像技术

扩展图像技术可以扩展图像的画布。首先选择空白区域并应用，以生成填充，然后创建图像的无缝扩展，如图 1-43 所示。

图 1-43　扩展图像技术

4．删除对象技术

删除对象技术可以轻松删除图像中不需要的对象。首先选择要删除的对象，然后根据图像中的周围环境来填充选区，从而让选择的对象消失，如图 1-44 所示。

图 1-44　删除对象技术

以上是 Photoshop 2023 的部分 AI 技术，相信随着版本的升级，更多 AI 技术也会接踵而来。目前，这些 AI 技术还只能对 Photoshop 测试版用户开放，以后会逐步对所有用户开放。总之，整合了 AI 技术的 Photoshop 是一次革命性的更新，大幅度地提高了用户的工作效率，极大地优化了工作流程，使得用户的创作信手拈来。

知识巩固与能力拓展

1．填空题

（1）在使用"快速导出为 PNG"命令将图像导出时，除了默认的 PNG 格式，还可以将图像导出为（　　　）格式。

（2）想要更改"快速导出为 PNG"命令中默认的 PNG 的导出格式，需要执行（　　　）命令进行设置。

（3）在使用"导出为"命令导出图像时，图像的导出格式包括（　　　）、（　　　）和（　　　）。

（4）如果想新建一个 A4 幅面的图像文件，则需要在"新建文档"对话框中选择（　　　）选项卡，选择"A4"的模板。

2．选择题

（1）在导出图像文件时，可以将图像导出为（　　　）格式的文件。

A．PNG　　　　　B．JPG　　　　C．GIF

（2）在将图像导出为 Web 所用图像时，其图像格式有（　　　）。

A．GIF、JPEG、PNG

B．GIF、JPEG、PNG-8、PNG-24 和 WBMP

C．GIF、JPEG、PNG-8、PNG-24

（3）在使用"缩放工具" $\mathcal{Q}$ 缩放图像时，按住（　　　）键，每单击一次，图像缩小为原来的二分之一。

A．Alt　　　　　B．Ctrl　　　　C．Shift

（4）图像放大后，按住（　　　）键，当鼠标指针会变为小手形状时，按住鼠标左键进行拖动可以平移图像。

A．空格键　　　B．Alt　　　　C．Ctrl

3．简述题

简单描述 Photoshop 2023 的 AI 技术的优势。

本章的主要任务是掌握图像的基本操作知识，具体内容包括了解图像的基础知识，掌握设置图像大小、画布大小，以及裁剪、裁切、移动、旋转、复制、操控、变形图像的相关知识，为后续深入学习 Photoshop 奠定基础。

知识学习目标

- 了解图像的基础知识。
- 掌握设置图像大小的方法。
- 掌握设置画布大小的方法。
- 掌握裁剪与裁切图像的方法。
- 掌握移动、旋转与复制图像的方法。
- 掌握操控与变形图像的方法。

技能实践目标

- 能够熟练调整图像和画布大小。
- 能够熟练裁剪与裁切图像。
- 能够熟练移动、旋转和复制图像。
- 能够熟练操控与变形图像。

2.1 图像的基础知识

Photoshop 是一款图像处理软件，对想学好 Photoshop 的初学者来说，了解图像的基础知识是非常重要的。本节首先介绍图像的基础知识。

2.1.1 课堂讲解——图像类型

数字化图像类型有两种：一种是位图，也被称为点阵图，另一种是矢量图，也被称为矢量对象或矢量形状。

从技术上来说，位图也被称为栅格图像，可以使用图片元素的矩形网格来表现图像。这些网格就被称为像素，每个像素都分配有特定的位置和颜色值。

在一般情况下，用户并不能看到像素，如果将位图放大若干倍时，就会呈现出一个个网格，这些网格就被称为像素。图 2-1（a）所示为位图 100% 的显示效果，图 2-1（b）所示为将位图放大到 2000% 时像素的显示效果。

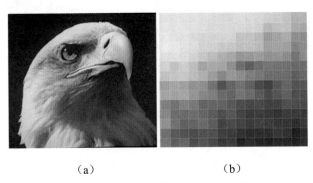

（a）　　　　　　　（b）

图 2-1　位图与像素的显示效果

矢量图是由一系列的线段、曲线和形状等矢量数据组成的图像。矢量图是一种基于图像的几何特征来描述的图像，因此用户可以任意移动或修改矢量图形，而不会丢失细节或影响清晰度。当调整矢量图形的大小、将矢量图形打印到 PostScript 打印机、在 PDF 文件中保存矢量图形或将矢量图形导入基于矢量的图形应用程序时，矢量图形都将保持清晰的边缘。图 2-2（a）所示为矢量图 100% 的显示效果，图 2-2（b）所示为将矢量图放大到 300% 时的显示效果，对比可知，两幅图的清晰度没有任何变化。

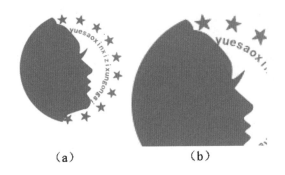

（a）　　　　　　　（b）

图 2-2　不同缩放级别的矢量图效果

2.1.2　课堂讲解——图像像素与分辨率

将位图放大后所出现的矩形网格就是像素，而分辨率是指每平方英寸内像素的数目，简称 "ppi"。例如，一个图像的分辨率为 72ppi，表示该图像每平方英寸内有 72 个像素。

一般来说，图像的分辨率越高，图像越清晰，得到的印刷图像的质量就越好；反之，图像越不清晰，得到的印刷图像的质量越差。图 2-3（a）所示为分辨率为 300ppi 的图像，图 2-3（b）

所示为分辨率为 72ppi 的图像，在相同比例下显示，图 2-3（a）很清晰，而图 2-3（b）则非常模糊。

（a）　　　　　　　　　（b）

图 2-3　不同分辨率的图像效果

Photoshop 专用图像类型为位图，在对图像的操作中，不能随意缩放，会影响图像的清晰度。

【知识拓展】

图像颜色模式（请参考资料包中的"知识拓展 / 第 2 章 / 图像颜色模式"）。

2.2　图像大小

在 Photoshop 中，图像大小是指图像的打印尺寸。用户可以根据图像的设计要求，通过"图像大小"对话框来重新调整图像大小。

执行"图像"→"图像大小"命令、按快捷键"Alt+Ctrl+I"，或者在图像标题栏上单击鼠标右键，并在弹出的快捷菜单中执行"图像大小"命令，即可打开"图像大小"对话框。本节将介绍"图像大小"命令的使用方法和技巧。

2.2.1　课堂实训——创建 2 寸工作照

工作照是有特殊尺寸要求的，一般为 2 寸，而我们日常的照片并不能满足该尺寸要求。因此，本节需要将一张普通照片处理成一张标准的 2 寸工作照。

【操作步骤】

（1）打开"素材" / "照片 01.jpg"素材文件，将鼠标指针移到图像标题栏上并单击鼠标右键，在弹出的快捷菜单中执行"图像大小"命令，在弹出的"图像大小"对话框中显示该照片的实际尺寸，其尺寸并不符合 2 寸工作照的要求，如图 2-4 所示。

图 2-4　"图像大小"对话框

2 寸照片的实际尺寸为 3.5 厘米 ×5.3 厘米，或者 413 像素 ×579 像素，因此我们需要重新调整该照片的尺寸，使其能满足 2 寸照片的尺寸要求。

（2）单击"图像大小"对话框中的"不约束长宽比" 按钮，设置"宽度"为 413 像素，"高度"为 579 像素，如图 2-5 所示。

图 2-5　设置照片尺寸

小贴士

"不约束长宽比" 按钮可以约束图像长度和宽度的比例。也就是说，在输入宽度后，系统会根据图像原尺寸的比例自动设置高度，以保持与原图像相同的尺寸比例。解锁后，宽度和高度不相互约束。

（3）单击"确定"按钮，完成 2 寸工作照尺寸的设置。

2.2.2　课堂讲解——自定义图像大小

"图像大小"对话框可以显示图像的原尺寸，也可以根据需要自定义图像大小。例如，调整大小为 800 像素 ×600 像素，分辨率为 72 像素 / 英寸的图像。

课堂练习　　自定义大小为 800 像素 ×600 像素，分辨率为 72 像素 / 英寸的图像

【操作步骤】

（1）在 Photoshop 界面空白位置双击，选择"素材 / 樱珠 .jpg"素材文件将其打开。

（2）执行"图像"→"图像大小"命令，弹出"图像大小"对话框，该对话框显示图像的实际大小与尺寸等相关信息，如图2-6所示。

图2-6 "图像大小"对话框

（3）在"调整为"下拉列表中选择"自定"选项，并在"宽度"、"高度"和"分辨率"输入框中输入新的宽度、高度和分辨率，以自定义图像大小，如图2-7所示。

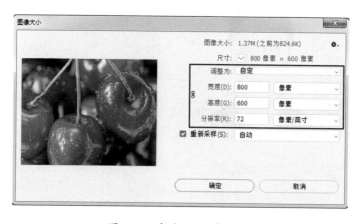

图2-7 自定义图像大小

（4）单击"确定"按钮，完成图像自定义尺寸的设置。

 小贴士

在调整图像大小时，如果要使调整后的图像尺寸与原尺寸保持相同的长宽比例，则激活"不约束长宽比" 按钮，这样在输入宽度后，系统会根据图像原尺寸的比例自动设置高度，以保持与原尺寸相同的比例。另外，如果在"调整为"下拉列表中选择"自动分辨率"选项，则系统会自动设置图像分辨率，以确保调整后的图像清晰度与原图像一致，不受图像尺寸的影响；否则，调整图像大小后，会对图像的清晰度产生一定的影响。

【知识拓展】

设置特殊用途的图像大小（请参考资料包中的"知识拓展/第2章/设置特殊用途的图像大小"）。

2.3 画布大小

画布是指整个文档区域。在"画布大小"对话框中，用户可以扩展或缩小图像的画布，当画布大于图像原尺寸时，扩展画布；反之，缩小画布并对图像进行裁切。

执行"图像"→"画布大小"命令、按快捷键"Alt+Ctrl+C"，或者在图像标题栏上单击鼠标右键，并在弹出的快捷菜单中执行"图像大小"命令，即可打开"画布大小"对话框。本节将介绍"画布大小"命令的使用方法和技巧。

2.3.1 课堂实训——为风景画添加相框

想要为一幅风景画添加一个漂亮的相框，但不能破坏原风景画的画面大小，这时该怎么办呢？其实，"画布大小"命令就可以实现该效果。

【操作步骤】

（1）打开"素材"/"云海.jpg"素材文件，在图像标题栏上单击鼠标右键，在弹出的快捷菜单中执行"画布大小"命令，弹出"画布大小"对话框，如图 2-8 所示。

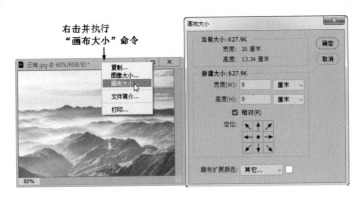

图 2-8 打开"画布大小"对话框

（2）单击"定位"图中间小黑点以定位画布，并在"宽度"和"高度"输入框中均输入 5，单击"确定"按钮，此时图像四周的画布被扩展，而内部的画面并没有变化，如图 2-9 所示。

图 2-9 扩展画布

（3）打开"素材"/"画框.psd"素材文件，按快捷键"V"，激活"移动工具" ✛，将画框图像拖到云海图像中，如图2-10所示。

（4）按快捷键"Ctrl+T"，为画框图像添加自由变形框，按住"Shift"键分别调整左、右、上、下边框上的控制点，将画框调整到扩展的画布上，按"Enter"键确认调整，完成画框的添加，如图2-11所示。

图 2-10　拖入画框图像

图 2-11　调整画框大小

2.3.2　课堂讲解——扩展画布

在扩展画布时，图像的画面大小不会发生变化，但用户可以根据设计需要定位画面的位置，以满足图像的编辑要求。

课堂练习　　　　　　　　　　扩展画布

【操作步骤】

（1）打开"素材"/"飞翔的鸟.jpg"素材文件，在图像标题栏上单击鼠标右键，在弹出的快捷菜单中执行"画布大小"命令，弹出"画布大小"对话框，以显示图像实际尺寸，如图2-12所示。

图 2-12　弹出"画布大小"对话框

（2）在"当前大小"选项组中显示图像的实际大小，以及宽度和高度，在"新建大小"

选项组中显示设置后的画布的宽度和高度。

（3）如果勾选"相对"复选框，则输入扩展画布的相对值；如果取消勾选"相对"复选框，则输入扩展画布的绝对值。

 小贴士

相对值：如果输入 10，则表示图像画布在原尺寸的基础上增加了 10。

绝对值：如果输入 10，则表示调整后的图像画布的实际尺寸为 10。需要注意的是，当绝对值小于图像原尺寸时，图像会被裁切。

（4）在"画布扩展颜色"下拉列表中重新选择扩展后的画布颜色，或者单击右侧的颜色按钮，设置画布扩展颜色，系统默认为白色。

（5）在"定位"图中，通过单击不同方向上的按钮来确定图像的位置。例如，首先单击左侧中间位置的按钮，可以将图像定位于画布左侧中间的位置；然后设置宽度和高度，确认后画布在图像的上方、下方和右侧进行了扩展，如图 2-13 所示。

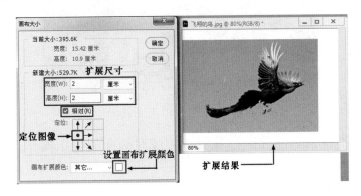

图 2-13   定位画布

【知识拓展】

缩小画布（请参考资料包中的"知识拓展 / 第 2 章 / 缩小画布"）。

2.4   裁剪与裁切图像

在处理图像时，我们可以对图像进行裁剪与裁切，使图像画面重新构图，以满足图像的编辑要求。

2.4.1   课堂实训——通过裁剪校正图像画面

在拍照时，有时由于技术原因，拍摄的画面会歪斜，影响画面效果，这时我们可以通过"裁剪工具" 🔲 来校正画面效果。

打开"素材"/"风景.jpg"素材文件，发现图像主体（凉亭）向一侧歪斜，下面我们通过"裁剪工具" 对画面进行校正，效果如图 2-14 所示。

图 2-14　风景图像校正前后的效果

【操作步骤】

（1）按快捷键"C"激活"裁剪工具" ，单击选项栏中的"拉直" 按钮，在图像上按住鼠标左键进行拖动，绘制一条倾斜线，使画面发生旋转，以校正歪斜的画面，如图 2-15 所示。

图 2-15　画线以校正画面

（2）按"Enter"键确认对图像进行裁剪，完成对画面的校正操作。

2.4.2　课堂讲解——"裁剪工具"

"裁剪工具 "（快捷键为"C"）可以按照用户自定义的尺寸与比例来裁剪图像，也可以按照系统预设的尺寸与比例来精确裁剪图像。

【操作步骤】

（1）打开"素材"/"雪景.jpg"素材文件，按快捷键"C"激活"裁剪工具" ，画面中出现裁剪框，在菜单栏下方出现"裁剪工具" 选项栏，如图 2-16 所示。

图 2-16　"裁剪工具"选项栏

（2）固定比例裁剪。在选项栏左侧的下拉列表中选择裁剪的比例，将图像按照一定的长度和宽带比例进行裁剪，1∶1与2∶3的裁剪效果，如图2-17所示。

图2-17　固定比例裁剪效果

（3）自定义尺寸裁剪。在选项栏左侧的下拉列表中选择"宽×高×分辨率"选项，输入裁剪的宽度、高度和分辨率进行裁剪。图2-18所示为输入宽度为20像素、高度为10像素，分辨率为72像素/英寸的自定义尺寸裁剪效果。

图2-18　自定义尺寸裁剪效果

小贴士

在进行固定比例裁剪或自定义尺寸裁剪时，无论选取多大或多小的裁剪范围，其裁剪后的图像尺寸与分辨率都会与设置的尺寸保持一致。另外，如果在选项栏左侧的下拉列表中选择"前面的图像"选项，则无论选取多大的裁剪范围，裁剪后的图像尺寸都与原图像尺寸保持一致。

（4）单击"拉直"按钮，在图像上绘制一条倾斜线以确定裁剪区域的旋转角度，对画面进行旋转与裁剪，如图2-19所示。

图2-19　拉直裁剪

小贴士

将鼠标指针移到裁剪框任意一个角上，当鼠标指针变为弯曲的双向箭头时，按住鼠标左键进行拖动可以旋转图像，如图 2-20 所示，并按"Enter"键确认对图像进行裁剪。

另外，分别单击 ⊞ 按钮和 ✿ 按钮，在弹出的下拉列表中选择裁剪参考线的样式及设置裁剪的其他选项，如图 2-21 所示。这些选项比较简单，此处不再赘述。

图 2-20　旋转图像

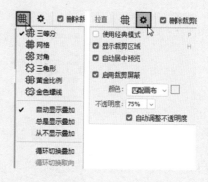

图 2-21　裁剪参考线与其他选项

2.4.3　课堂实训——通过"透视裁切工具"创建画面透视效果

透视效果可以增强画面的景深，使画面效果更具视觉冲击力。对于那些透视效果不强的画面，可以通过"透视裁剪工具" 🔲.（快捷键为"C"）对画面进行裁剪，以增强其透视效果。

【操作步骤】

（1）再次打开"素材"/"风景.jpg"素材文件，在"裁剪工具" 🔲.按钮上长按鼠标左键，在弹出的隐藏工具中选择"透视裁剪工具" 🔲.，其选项栏如图 2-22 所示。

图 2-22　"透视裁剪工具"选项栏

（2）按住鼠标左键在画面上拖出裁剪框，根据透视关系，将左下角的控制点向右水平移动，将右下角的控制点向左水平移动，以调整透视关系，如图 2-23 所示。

（3）按"Enter"键确认对图像进行裁剪，裁切后的画面透视效果如图 2-24 所示。

图 2-23　拖出裁剪框并调整控制点

图 2-24　裁剪后的画面透视效果

小贴士

在透视裁切图像时，可以在"透视裁切工具" 选项栏中设置裁切图像的长度、宽度，以及分辨率，单击"前面的图像"按钮，裁切后的图像将保持原图像尺寸和分辨率。

2.4.4　课堂实训——使用"裁剪"命令裁剪所需图像画面

"裁剪"命令是基于选区来裁剪图像的。在实际工作中，用户可以将图像中需要的区域选中，并通过"裁剪"命令对其进行裁剪，而不需要的图像会被删除。

【操作步骤】

（1）打开"素材"/"雪景 02.jpg"素材文件，按快捷键"M"激活"矩形选框工具" ，在图像右下方位置创建矩形选区，如图 2-25 所示。

（2）执行"图像"→"裁剪"命令，裁剪结果如图 2-26 所示。

图 2-25　创建矩形选区　　　　　　　图 2-26　裁剪结果

2.4.5　课堂实训——使用"裁切"命令裁切图像多余画面

"裁切"命令是基于颜色像素来裁切图像的，一般用来沿图像颜色像素边缘剪切掉图像中多余的背景。

【操作步骤】

（1）打开"素材"/"番茄 .jpg"素材文件，在"图层"面板中双击背景层，弹出"新建图层"对话框，直接单击"确定"按钮，即可将背景层转换为图层。

（2）按快捷键"W"激活"对象选择工具" ，将鼠标指针移到图像背景上单击鼠标左键，选中图像背景，按"Delete"键将图像背景删除，如图 2-27 所示。

（3）按快捷键"Ctrl+D"将选区取消，执行"图像"→"裁切"命令，弹出"裁切"对话框，在"基于"选区和"裁切"选区中设置裁切，单击"确定"按钮，裁切图像透明背景，如图 2-28 所示。

图 2-27　选中并删除图像背景　　　　　图 2-28　裁切图像透明背景

 小贴士

在"裁切"对话框中，"基于"选区用于设置裁切的依据，而"裁切"选区用于设置裁切的范围。

【知识拓展】

还原与恢复图像（请参考资料包中的"知识拓展 / 第 2 章 / 还原与恢复图像"）。

2.5　移动、旋转与复制图像

在处理图像时，需要移动、旋转与复制图像，以得到更好的处理效果。本节将介绍移动、旋转与复制图像的相关知识。

2.5.1　课堂实训——替换照片背景

在照片处理中，替换照片背景是非常常见的处理方式，可以使照片效果更出色。

【操作步骤】

（1）打开"女士 .jpg"素材文件和"海景 .jpg"素材文件，在"女士 .jpg"文档中，按快捷键"W"激活"对象选择工具" ，将鼠标指针移到女士图像上，女士图像边缘出现粉红色边框，单击鼠标左键将女士图像选中，如图 2-29 所示。

（2）按快捷键"V"激活"移动工具" ，将女士图像拖到"海景 .jpg"文档中，如图 2-30所示，生成图层 1。

图 2-29　选中女士图像　　　　　图 2-30　将女士图像拖到"海景 .jpg"文档中

（3）勾选选项栏中的"显示变换控件"复选框，为女士图像添加了自由变换工具，在变换框上单击鼠标左键，并在其选项栏中将"W"和"H"的比例都输入为 60%，使女士图像缩小 60%，如图 2-31 所示。

（4）将鼠标指针移到变换框内部，按住鼠标左键将女士图像向右移到背景图像右下角的位置，如图 2-32 所示。按"Enter"键确认调整并结束操作，取消勾选"显示变换控件"复选框。

图 2-31　缩小女士图像

图 2-32　调整女士图像的位置

2.5.2　课堂讲解——"移动工具"

"移动工具" ✛ 用来移动文档中的图层和选区中的图像，甚至可以将其他文档中的图像拖到当前文档中。按快捷键"V"，或者单击工具箱中的"移动工具" ✛ 按钮，可以激活"移动工具" ✛，其选项栏如图 2-33 所示。

图 2-33　"移动工具"选项栏

- 自动选择：勾选该复选框，在图像中单击鼠标左键，系统会自动激活单击位置图像所在的图层。
- 显示变换控件：勾选该复选框，当前图层或被选择图像上会显示自由变换框，通过变换框缩放或旋转图像。
- 对齐：同时选择两个或两个以上的图层时，此时对齐按钮被激活，单击相应的按钮，可以对图层进行"左对齐" ▐ 、"水平居中对齐" ➿ 、"右对齐" ▐ 、"顶对齐" ▜ 、"垂直居中对齐" ╫ 、"底对齐" ▟ 等对齐操作。
- 分布：同时选择两个或两个以上的图层时，此时分布按钮被激活，单击相应的按钮，可以对图层按照一定的规则进行"按顶分布" 죻 、"按垂直居中分布" ≣ 、"按底

分布"▲、"按左分布"▶、"按水平居中分布"▶、"按右分布"◀，以及"垂直分布"▬、"水平分布"▮等均匀分布操作。

2.5.3 课堂讲解——"图像旋转"命令

"图像旋转"命令不仅可以将图像沿180°、顺时针90°、逆时针90°或者任意角度进行旋转，还可以将图像沿水平或者垂直方向进行镜像翻转。

【操作步骤】

（1）打开"飞翔的鸟.jpg"素材文件，执行"图像"→"图像旋转"→"180°"命令，此时图像被旋转了180°。

（2）分别执行"图像"→"图像旋转"→"180°"命令、"顺时针90°"命令和"逆时针90°"命令，此时图像分别被旋转了180°、顺时针90°和逆时针90°，效果如图2-34所示。

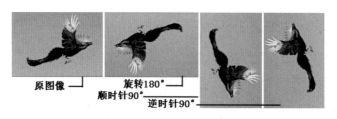

图2-34　图像旋转后的效果

（3）执行"图像"→"图像旋转"→"任意角度"命令，弹出"旋转画布"对话框，设置顺时针或逆时针旋转，并设置旋转角度，即可对图像进行旋转，如图2-35所示。

图2-35　设置角度旋转图像

（4）执行"图像"→"图像旋转"→"水平翻转画布"命令或"垂直翻转画布"命令，即可将图像沿水平或垂直方向进行镜像翻转，如图2-36所示。

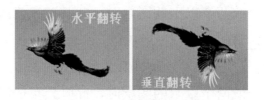

图2-36　水平和垂直翻转画布

2.5.4　课堂讲解——"内容识别缩放"命令

在缩放图像时,"内容识别缩放"命令只影响没有重要可视内容区域中的像素,这使得图像的重要内容像素不会因缩放而变化。

图 2-37(a)所示为原图;图 2-37(b)所示为使用传统缩放功能缩放鹦鹉图像,鹦鹉图像与背景图像同时缩放变形;图 2-37(c)所示为使用"内容识别缩放"命令缩放鹦鹉图像,只有背景图像缩放变形。

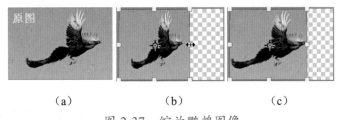

（a）　　　　　　（b）　　　　　　（c）

图 2-37　缩放鹦鹉图像

【操作步骤】

(1)继续 2.5.3 节的操作,按"F12"键将"飞翔的鸟 .jpg"图像恢复,按"F7"键打开"图层"面板,在背景层上双击,弹出"新建图层"对话框,单击"确定"按钮,将背景层转换为图层。

(2)执行"编辑"→"内容识别缩放"命令,图像上出现变换框,按住"Shift"键将右侧中间位置的控制点向左移动,对图像进行变形,此时发现图像变窄了,但鹦鹉图像并没有变形,见图 2-37(c)。

2.5.5　课堂讲解——复制图像

使用"复制"命令可以将图像复制为副本,如果图像有未合并的图层,则可以将图层单独复制为图像副本。

【操作步骤】

(1)打开"风景 06.jpg"素材文件,如图 2-38 所示。

(2)执行"图像"→"复制"命令,弹出"复制图像"对话框,如图 2-39 所示,单击"确定"按钮,将该图像复制为"风景 06 拷贝"文件。

图 2-38　打开"风景 06.jpg"素材文件　　　图 2-39　"复制图像"对话框

小贴士

如果图像有未合并的图层，则"仅复制合并的图层"复选框被激活，勾选该复选框可以将图层复制为图像副本。

2.6 操控与变形图像

使用"透视变形"命令、"操控变形"命令，以及"自由变换"命令可以对图像、图层等进行变形处理。本节将介绍操控与变形图像的相关知识。

2.6.1 课堂实训——使用"透视变形"命令替换相框内的照片

"透视变形"命令可以通过调整变换框 4 个角上的控制点，对图层上的图像进行透视变形。

【操作步骤】

（1）打开"水晶相框.jpg"素材文件和"风景 06.jpg"素材文件，如图 2-40 所示。

图 2-40　打开素材文件

（2）首先按快捷键"V"激活"移动工具"✛，将风景 06 图像拖到"水晶相框.jpg"文档中；然后执行"编辑"→"透视变形"命令，在风景 06 图像上按住鼠标左键进行拖动，即可添加变换框，如图 2-41 所示。

（3）单击"透视变形工具"选项栏中的"变形"按钮进入变形模式，调整变换框 4 个角上的控制点对风景图像进行变形，使其与原图像对齐，如图 2-42 所示。

图 2-41　添加变换框　　　　　图 2-42　调整变形

（4）按"Enter"键，完成对风景 06 图像的变形操作。

2.6.2 课堂实训——使用"操控变形"命令改变飞鸟的飞行姿态

"操控变形"命令可以在图层上添加图钉，通过调整图钉的位置及旋转角度来操控图像变形。执行该命令后，可以在其选项栏中设置变形的模式、密度、扩展、显示网格，以及调整图钉的旋转角度等，对变形效果进行控制，如图 2-43 所示。

图 2-43 "操控变形工具"选项栏

下面通过"操控变形"命令来改变鸟的飞行姿态，以便读者学习"操控变形"命令的应用技巧。

【操作步骤】

（1）打开"飞翔的老鹰 .jpg"素材文件，按快捷键"W"激活"对象选择工具" ，将鼠标指针移到老鹰图像上单击鼠标左键，选中老鹰图像。

（2）在老鹰图像上单击鼠标右键，在弹出的快捷菜单中执行"通过拷贝的图层"命令，将老鹰图像复制到图层 1 中，如图 2-44 所示。

图 2-44 将老鹰图像复制到图层 1 中

（3）单击图层 1 左侧的眼睛图标将其暂时隐藏，使用相同的方法再次选中背景层上的老鹰图像并单击鼠标右键，在弹出的快捷菜单中执行"删除和填充选区"命令，即可删除老鹰图像并填充背景，如图 2-45 所示。

图 2-45 删除老鹰图像并填充背景

（4）激活图层 1，执行"编辑"→"操控变形"命令，通过在老鹰头部、翅膀、爪子等位置单击来添加图钉，分别单击左上角翅膀上的图钉和右上角翅膀上的图钉将其选中，在"操作变形工具"选项栏中分别将这两个图钉的旋转角度设置为 -80°和 60°，如图 2-46 所示。

（5）按住"Shift"键，分别单击除左、右翅膀末端的两个图钉之外的其他图钉将其选中，并向上移动，改变老鹰的飞行姿态，如图 2-47 所示。

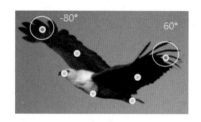 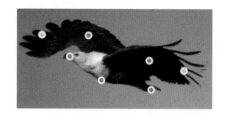

图 2-46　添加图钉并调整角度　　　　图 2-47　调整图钉改变老鹰的飞行姿态

2.6.3　课堂实训——使用"自由变换"命令改变飞鸟的飞行方向

"自由变换"命令可以对图层中的图像进行任意的旋转、缩放等变形操作。执行该命令后，可以在其选项栏中设置变换的大小、角度等，如图 2-48 所示。

图 2-48　"自由变换工具"选项栏

下面通过"自由变换"命令来改变飞鸟的飞行方向，以便读者学习"自由变换"命令的应用技巧。

【操作步骤】

（1）打开"飞翔的鸟 .jpg"素材文件，依照 2.6.2 节的操作步骤（1）～（3），使用"对象选择工具" 将飞鸟图像复制到图层 1 中，删除背景层中的飞鸟图像并填充背景，如图 2-49 所示。

图 2-49　处理图像

（2）执行"编辑"→"自由变换"命令，为飞鸟图像添加自由变换框，在"自由变换工具"

选项栏中将旋转角度设置为 30°，对飞鸟图像进行旋转，以改变飞鸟的飞行方向，如图 2-50 所示。

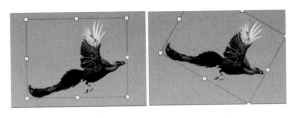

图 2-50　旋转飞鸟图像

2.6.4　课堂实训——使用"变形"命令调整图像的构图

图像的画面构图不好，会影响图像的整体画面效果。打开"素材"/"风景 01.jpg"素材文件，我们发现该图像天际线太高，画面构图不好，下面通过"变形"命令调整天际线，重新对画面进行构图。

【操作步骤】

（1）按快捷键"Ctrl+J"，将背景层复制到图层 1 中，如图 2-51 所示。

图 2-51　复制背景图

（2）执行"编辑"→"变换"→"变形"命令，为图层 1 添加变换框，单击鼠标右键，在弹出的快捷菜单中执行"水平拆分变形"命令，将鼠标指针移到图像的天际线位置并单击鼠标左键，添加一条水平拆分线，如图 2-52 所示。

（3）按向下的方向键将水平拆分线向下移动，地面图像向下缩小，而天空图像则向下放大，如图 2-53 所示。

图 2-52　添加水平拆分线

图 2-53　水平拆分变形的图像

（4）按"Enter"键，确认变形操作。

【知识拓展】

"变换"命令的其他操作（请参考资料包中的"知识拓展/第2章/变换命令的其他操作"）。

2.6.5　课堂实训——使用"天空替换"命令替换图像的天空背景

图 2-54　替换图像的天空背景

如果我们对图像的天空背景不满意，则可以通过"天空替换"命令，使用系统预设，或者自己满意的天空图像来替换掉该图像的天空背景。

在 2.6.4 节的基础上继续操作，我们通过"天空替换"命令，使用一幅日落的天空图像替换掉原图像的蓝色天空背景，如图 2-54 所示。

【操作步骤】

（1）执行"编辑"→"天空替换"命令，弹出"天空替换"对话框，单击"天空"图像右侧的下拉按钮，在展开的预设图像类型中展开"日落"文件夹，选择一幅日落的天空图像，如图 2-55 所示。

（2）调整天空图像的"亮度""色温""光照模式""颜色调整"等参数，使其与地面图像的亮度、色温、颜色等匹配，如图 2-56 所示。

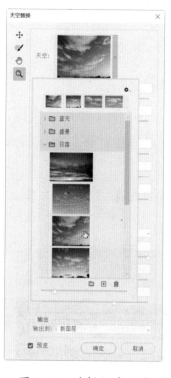

图 2-55　选择天空图像

图 2-56　调整天空图像

（3）单击"确定"按钮，完成对天空图像的替换。

综合实训——制作冬季水面倒影效果

打开"素材"/"风景 08.jpg"素材文件，结合本章所学内容，制作该图像的冬季水面倒影效果，对本章所学内容进行综合巩固练习，效果如图 2-57 所示。

图 2-57　冬季水面倒影效果

详细操作步骤见配套教学资源中的视频讲解。

表 2-1 所示为制作冬季水面倒影效果的练习评价表。

表 2-1　制作冬季水面倒影效果的练习评价表

练习项目	检查点	完成情况	出现的问题及解决措施
制作冬季水面倒影效果	裁剪、复制	□完成　□未完成	
	画布大小、自由变换	□完成　□未完成	

知识巩固与能力拓展

1. 填空题

（1）图像类型包括（　　）和（　　）。

（2）图像分辨率是指（　　）所含（　　）的数目。

（3）图像颜色模式包括（　　）、（　　）、（　　）、（　　）、（　　）、（　　）、（　　）、（　　）和（　　）。

（4）"图像大小"命令的执行方式分别是（　　）、（　　）、（　　）。

（5）"画布大小"命令的执行方式分别是（　　）、（　　）、（　　）。

2. 选择题

（1）在下列选项中，可以对图像进行裁剪与裁切的工具和命令有（　　）。

A．"裁剪工具" 　　　　　　　　　B．"透视裁剪工具"

C．"裁剪"命令　　　　　　　　　　D．"裁切"命令

（2）在下列选项中，可以对图像进行透视裁剪的工具和命令有（　　）。

A．"裁剪工具" 　　　　　　　B．"透视裁剪工具"

C．"裁剪"命令　　　　　　　D．"裁切"命令

（3）在下列选项中，可以沿选区裁剪图像的命令和工具有（　　）。

A．"裁剪工具"　　　　　　　B．"透视裁剪工具"

C．"裁剪"命令　　　　　　　D．"裁切"命令

（4）在下列选项中，可以透视变形图像的命令是（　　）。

A．自由变换　　　　　　　B．透视变形

C．操控变形　　　　　　　D．变换

（5）在下列选项中，既可以旋转图像，又可以变换图像的命令是（　　）。

A．自由变换　　　　　　　B．图像旋转

C．操控变形　　　　　　　D．变换

3．操作题——在指示牌上输入文字

在二维软件中，创建三维效果最大的难点在于画面透视关系的处理，打开"素材"/"指示牌 .jpg"素材文件，根据所学知识，在该指示牌上输入相关文字，使其与指示牌的透视效果匹配，如图 2-58 所示。

图 2-58　在指示牌上输入文字

图像的选择技能 第 3 章

工作任务分析

本章的主要任务是掌握图像的选择技能，具体内容包括框选、特殊选择、快速选择、其他选择的方法，以及操作、编辑与修改选区的相关知识，为后续深入学习 Photoshop 奠定基础。

知识学习目标

- 掌握框选图像的基本方法。
- 掌握特殊选择图像的方法。
- 掌握快速选择图像的方法。
- 掌握其他选择图像的方法。
- 掌握操作、编辑与修改选区的方法。

技能实践目标

- 能够使用框选的方法选择图像。
- 能够使用特殊选择的方法选择图像。
- 能够使用快速选择的方法选择图像。
- 能够使用其他选择的方法选择图像。
- 能够操作、编辑和修改选区。

3.1 框选

选框工具包括"矩形选框工具"[::]、"椭圆选框工具"[○]、"单行选框工具"[===]和"单列选框工具"[:]。本节通过具体案例的制作，介绍使用选框工具选择图像的方法和技巧。

3.1.1 课堂讲解——认识选框工具的选项栏

所有选框工具的选项栏都是相同的，如激活"矩形选框工具"[::]，其选项栏如图 3-1 所示。

图 3-1 "矩形选框工具"选项栏

打开"素材"/"雪景01.jpg"素材文件，在"矩形选框工具"选项栏中单击"新选区" ■
按钮，在图像上按住鼠标左键进行拖动可以创建一个新选区，如果已经存在一个选区，则新
创建的选区替代原选区，如图3-2所示。

单击"添加到选区" ■按钮，可以在原选区的基础上再创建一个新选区，使其与原选区
相加，形成新的选区，如图3-3所示。

图3-2　创建新选区

图3-3　选区相加

单击"从选区中减去" ■按钮，可以在原选区的基础上再创建一个新选区，使其与原选
区相减，形成新的选区，如图3-4所示。

单击"与选区交叉" ■按钮，可以在原选区的基础上再创建一个新选区，使其与原选区
相交，形成新的选区，如图3-5所示。

图3-4　选区相减

图3-5　选区相交

羽化：使选区边缘虚化，产生渐变过渡的效果，值越大羽化效果越明显。打开"素材"/
"小猫咪.jpg"素材文件，使用"椭圆选框工具" ◯，设置不同的"羽化"值所选取的图像
效果如图3-6所示。

图3-6　选区的"羽化"效果

消除锯齿：在使用"椭圆选框工具" ◯时该复选框被激活，其作用是消除选区边缘的像素，
使选区边缘更平滑。

样式：设置选区的创建样式，如果选择"正常"模式，则可以创建任意大小的选区；如

果选择"固定比例"或"固定大小"模式，则可以设置选区的大小和比例。

选择并遮住：单击该按钮，打开"选择并遮住"窗口，在"属性"面板中设置视图模式、不透明度、全局调整等，在左侧工具栏中使用"快速选择" ✐、"画笔工具" ✏、"对象选择工具" ▦，或者"套索工具" ○选择对象，使用"调整边缘画笔工具" ✐对选区边缘进行调整，确认选取对象，如图 3-7 所示。

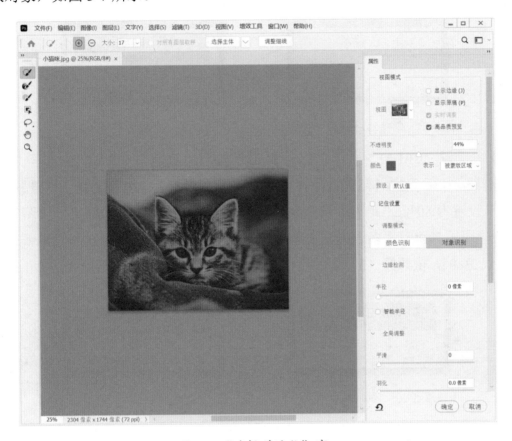

图 3-7　"选择并遮住"窗口

3.1.2　课堂实训——使用"矩形选框工具"制作网店优惠券

"矩形选框工具" ▯通常用来创建矩形选区，或者选取矩形图像。本节以使用"矩形选框工具" ▯创建网店优惠券为案例，介绍"矩形选框工具" ▯的使用方法，详细操作请观看视频讲解文件。

【操作步骤】

（1）按快捷键"Ctrl+N"，新建 1200 像素 ×600 像素，分辨率为 72ppi，"背景内容"为红色（R：255、G：0、B：0）的 RGB 图像文件。

（2）按快捷键"Shift+Ctrl+N"新建图层 1，按快捷键"M"激活"矩形选框工具" ▯，在图像的中间位置创建宽度为 1100 像素，高度为 500 像素，羽化为 0 像素的矩形选区。

（3）按快捷键"D"将前景色与背景色恢复为系统默认的颜色，按快捷键"Ctrl+Delete"向选区内填充背景色（R：255、G：255、B：255），如图 3-8 所示。

（4）继续在图像的上方位置绘制宽度为 1000 像素，高度为 200 像素，羽化为 0 像素的矩形选区，单击工具箱中的"设置前景色"按钮，将其颜色设置为红色（R：255、G：0、B：0），按快捷键"Alt+Delete"向选区填充前景色，如图 3-9 所示。

 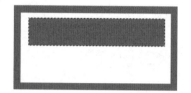

图 3-8　创建选区并填充白色　　　　图 3-9　创建选区并填充红色

（5）按快捷键"Ctrl+D"取消选区，单击"图层"面板底部的"图层样式"*fx.*按钮，选择"投影"选项，在"图层样式"对话框中将"角度"设置为 120 度，"大小"设置为 5 像素，"不透明度"设置为 80%、"距离"设置为 5 像素，为图层 1 添加投影样式，如图 3-10 所示。

（6）新建图层 2，激活"多边形套索工具" ，在左上角创建三角形选区，并填充橙色（R：255、G：125、B：0），依照第（5）步的操作与设置，为图层 2 添加投影样式，如图 3-11 所示。

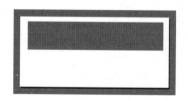 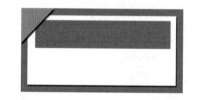

图 3-10　添加投影样式　　　　图 3-11　创建图层 2 并添加投影样式

📋 小贴士

"多边形套索工具" 的操作比较简单，在图像上单击鼠标左键确定一点，移动鼠标指针到合适位置单击鼠标左键确定下一点，依次创建选区，将鼠标指针移到起点，鼠标指针下方出现小圆环，此时单击鼠标左键结束操作。详细操作请参阅 3.2.2 节的内容讲解，或者观看本节的视频讲解文件。

（7）按快捷键"T"激活"横排文字工具" ，在优惠券的相关位置输入不同颜色的文字内容，完成网店优惠券的制作，如图 3-12 所示。

图 3-12　网店优惠券的制作

3.1.3　课堂实训——使用"椭圆选框工具"制作网站动态按钮

"椭圆选框工具" ⬭ 常用来创建圆形选区，或者选取圆形图像，其使用方法与"矩形选框工具" ⬚ 完全相同。本节以使用"椭圆选框工具" ⬭ 创建一个网站常见的圆形动态按钮为案例，介绍"椭圆选框工具" ⬭ 的使用方法，详细操作请观看视频讲解文件。

【操作步骤】

（1）按快捷键"Ctrl+N"，新建 1000 像素 ×1000 像素，分辨率为 72ppi，"背景内容"为白色（R: 255、G: 255、B: 255）的 RGB 图像文件。

（2）按快捷键"Ctrl+Shift+N"新建图层 1，激活"椭圆选框工具" ⬭，设置"样式"为"固定比例"，其他选项保持默认设置，在图像上创建圆形选区。

（3）按快捷键"G"激活"渐变工具" ▣，设置从深蓝色（R:0、G:65、B:85）到浅蓝色（R: 0、G: 105、B: 145）的线性渐变，在选区内由左向右填充渐变色，如图 3-13 所示。

📋 小贴士

> "渐变工具" ▣ 可以向图像中填充两种以上的颜色，有关该工具的具体使用和颜色设置，请观看本节视频讲解文件。

（4）按快捷键"Ctrl+D"取消选区，按快捷键"Ctrl+J"复制图层 1，即图层 1 拷贝层，在"图层"面板中激活"锁定透明像素" ▨ 按钮，按快捷键"D"将前景色和背景色恢复为系统默认的颜色，按快捷键"Alt+Delete"填充前景色，按快捷键"Ctrl+T"添加自由变换框，将其缩放 90%，如图 3-14 所示。

📋 小贴士

> 系统默认的颜色是前景色为黑色（R: 0、G: 0、B: 0），背景色为白色（R: 255、G: 255、B: 255），这两种颜色可以重新设置，按快捷键"D"将前景色和背景色恢复为系统默认的颜色。

（5）再次按快捷键"Ctrl+J"复制图层 1 拷贝层，即图层 1 拷贝 2 层，向其填充从蓝绿色（R: 3、G: 102、B: 111）到浅绿色（R: 0、G: 202、B: 222）的线性渐变的颜色，并将其缩小 95%，如图 3-15 所示。

图 3-13　填充渐变色　　　图 3-14　填充前景色并缩放　　　图 3-15　填充渐变色并缩放

（6）再次按快捷键"Ctrl+J"复制图层 1 拷贝 2 层，即图层 1 拷贝 3 层，按快捷键"Ctrl+T"添加自由变换框，将其缩放 90%，并执行"编辑"→"变换"→"水平翻转"命令将其水平翻转，如图 3-16 所示。

（7）按快捷键"T"激活"横排文字工具"T，在按钮上输入相关文字内容，如图 3-17 所示，完成网站动态按钮的制作。

图 3-16　复制、缩放并翻转　　　　图 3-17　输入文字

小贴士

"单行选框工具" 和"单列选框工具" 用于创建 1 像素高的水平选区和 1 像素宽的垂直选区，其应用方法非常简单，此处不再赘述。

3.2　特殊选择

图像的特殊选择是指选择外形不规则的图像，这类选择主要是通过套索工具组中的工具来实现的。套索工具组包括"套索工具" 、"多边形套索工具" 和"磁性套索工具" ，其工具的选项栏与选框工具的选项栏完全相同，此处不再赘述。本节通过具体案例的制作，介绍使用套索工具组中的工具创建选区和选取图像的方法和技巧。

3.2.1　课堂实训——使用"套索工具"制作数码艺术照片

"套索工具" 的操作比较自由，按住鼠标左键在图像中进行拖动，释放鼠标左键，即可创建选区，如图 3-18 所示。

图 3-18　使用"套索工具"创建的选区

由于该工具比较随意，不适合精确选取图像，而适合创建随意的选区，或者选取精度要求不高的图像，因此本节使用"套索工具" ⌀ 制作数码艺术照片，以便读者学习该工具的使用方法和技巧，详细操作请观看视频讲解文件。

【操作步骤】

（1）打开"素材"/"背景 .jpg""花 .jpg"素材文件，激活"套索工具" ⌀，在其选项栏中将"羽化"设置为"20 像素"，在花图像边缘按住鼠标左键进行拖动将其选中，如图 3-19 所示。

（2）按住"Ctrl"键将选中的花图像拖到背景图像的左上角位置，按快捷键"Ctrl+T"添加自由变换框，将花图像调整到合适大小，并将其图层的混合模式设置为"颜色加深"，效果如图 3-20 所示。

图 3-19　选中花图像　　　　　　图 3-20　图层混合效果

（3）继续打开"素材"/"照片 03.jpg"素材文件，激活"对象选择工具" ▦，在女孩图像上单击鼠标左键将其选中，按住"Ctrl"键将其拖到"背景 .jpg"文档中，生成图层 2，如图 3-21 所示。

图 3-21　拖入人物图像

 小贴士

无论当前使用的是哪种工具，按下"Ctrl"键后，即可切换到"移动工具" ✛。

（4）在"套索工具" ⌀ 选项栏中将"羽化"设置为"80 像素"，在女孩图像下方边缘按住鼠标左键进行拖动将其选中，按"Delete"键删除，按快捷键"Ctrl+D"取消选区，图像下方产生羽化效果，如图 3-22 所示。

图 3-22　羽化效果

（5）按快捷键"Ctrl+J"复制图层 2，即图层 2 拷贝层，并将其图层的混合模式设置为"滤色"，以校正图像的亮度与颜色，如图 3-23 所示，按快捷键 "Ctrl+E" 将图层 2 与图层 2 拷贝层合并为新的图层 2。

（6）首先执行"编辑"→"变换"→"水平翻转"命令将图层 2 水平翻转，并移到左下角位置；然后将图层 2 的混合模式设置为"强光"，继续调整图像的颜色和亮度；最后在图像右上角位置输入"花季"文字内容，完成数码照片合成效果的制作，如图 3-24 所示。

图 3-23　"滤色"模式　　　　　　图 3-24　"强光"模式

3.2.2　课堂实训——使用"多边形套索工具"制作房地产广告

"多边形套索工具" 的操作可控性较强，适合创建由直线段组成的多边形选区，或者选择外形为直线型的对象。首先将鼠标指针移到图像合适位置单击鼠标左键确定第 1 点，然后将鼠标指针移到合适位置单击鼠标左键确定第 2 点，依次选择图像，最后将鼠标指针移到第 1 点的位置，当鼠标指针下方出现小圆环时，单击鼠标左键可以结束操作并选中图像，如图 3-25 所示。

图 3-25　"多边形套索工具"的选择流程

选择的过程中如果出现错误,则可以按"Delete"键一步步返回,并重新选择。本节使用"多边形套索工具" 制作一个房地产广告,以便读者学习该工具的选择方法和技巧,详细操作请观看视频讲解文件。

【操作步骤】

（1）打开"素材"/"别墅 .tga"素材文件,激活"多边形套索工具" ,沿别墅图像边缘创建选区将其选中,如图 3-26 所示。

（2）首先单击鼠标右键,在弹出的快捷菜单中执行"通过剪切的图层"命令,将别墅图像剪切到图层 1;然后执行"编辑"→"描边"命令,在弹出的"描边"对话框中将"宽度"设置为"20 像素","颜色"设置为白色（R: 255、G: 255、B: 255）,其他选项保持默认设置,单击"确定"按钮,完成对别墅图像的描边,如图 3-27 所示。

图 3-26　选中图像

图 3-27　描边

（3）设置从"蓝色"（R: 0、G: 164、B: 234）到"浅蓝色"（R: 169、G: 217、B: 248）再到"蓝色"（R: 0、G: 164、B: 234）的渐变色,在背景层中由左到右填充"线性"渐变色,并将别墅图像移到左侧位置,如图 3-28 所示。

（4）设置前景色为"灰色"（R: 113、G: 111、B: 110）,背景色为"深蓝色"（R: 54、G: 99、B: 133）,分别在别墅下方和上方位置各创建两个矩形选区,按快捷键"Alt+Delete"向下方选区填充前景色,按快捷键"Ctrl+Delete"向上方选区填充背景色,如图 3-5 所示。

图 3-28　填充背景渐变色

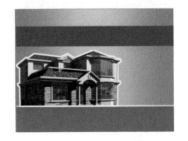
图 3-29　填充颜色

（5）打开"素材"/"按钮 .psd""按钮 01.psd"素材文件,将其移到当前图像的合适位置,将蓝色按钮复制 3 个并调整大小,将其分别移到图像的合适位置,如图 3-30 所示。

（6）按快捷键"T"激活"横排文字工具" ,输入相关文字内容,如图 3-31 所示,完成房地产广告的制作。

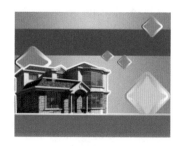

图 3-30　添加按钮图像

图 3-31　输入文字

3.2.3　课堂讲解——"磁性套索工具"

"磁性套索工具" 选项栏与"多边形套索工具" 选项栏有所不同，如图 3-32 所示。

图 3-32　"磁性套索工具"选项栏

"磁性套索工具" 适合选择边缘较为复杂的图像，如人物、花草、树木等。打开"素材"/"女孩 A.jpg"素材文件，在"磁性套索工具" 选项栏中，"宽度"选项用来设置与边的距离以区分路径；"对比度"选项用来设置与边的对比度以区分路径；"频率"选项用来设置锚点添加到路径中的密度；其他选项的设置与"多边形套索工具" 的设置相同。首先在女孩图像边缘单击鼠标左键，拾取一个像素作为基色；然后沿图像边缘移动鼠标指针，系统会自动拾取与基色相同的其他像素，依次选择图像；最后移动鼠标指针到起点位置，当鼠标指针下方出现小圆环时，单击鼠标左键即可结束操作并选中图像，如图 3-33 所示。

图 3-33　使用"磁性套索工具"选中图像

3.3　快速选择

Photoshop 提供了快速选择图像的相关工具，这些工具不仅选择精度高，而且操作简单，大大提高了工作效率。这些工具包括"对象选择工具"、"快速选择工具"和"魔棒工具"。本节将介绍使用快速选择工具选择图像的方法和技巧。

3.3.1 课堂实训——使用"对象选择工具"制作"中国梦"公益广告

"对象选择工具" 通过查找来直接选取对象，因此该工具适合选择背景复杂、主体鲜明的图像，其选项栏如图 3-34 所示。

图 3-34 "对象选择工具"选项栏

本节使用"对象选择工具" 制作"中国梦"公益广告，以便读者学习该工具在实际工作中的使用方法。

【操作步骤】

（1）打开"素材"/"照片 01.jpg"素材文件，激活"对象选择工具" ，单击"选择主体"按钮，快速选择人物图像，如图 3-35 所示。

（2）按快捷键"Ctrl+T"添加自由变换框，将"水平缩放"与"垂直缩放"的比例设置为 90%，从而缩小选择的人物图像，如图 3-36 所示。

图 3-35 选择人物图像　　　　图 3-36 缩小人物图像

（3）按方向键将人物图像移到左下方位置，按"Enter"键完成操作。在图像上单击鼠标右键，在弹出的快捷菜单中执行"通过剪切的图层"命令，将人物图像剪切到图层 1。

（4）执行"滤镜"→"Camera Raw 滤镜"命令，对人物图像的颜色、亮度、对比度等进行调整，效果如图 3-37 所示。

（5）按快捷键"Ctrl+J"复制图层 1，即图层 1 拷贝层，将其混合模式设置为"滤色"，提高人物图像的亮度与色调，按快捷键"Ctrl+E"将图层 1 与图层 1 拷贝层合并为新的图层 1，效果如图 3-38 所示。

图 3-37 Camera Raw 滤镜效果　　　　图 3-38 "滤色"模式效果

59

（6）打开"素材"/"海景.jpg"素材文件，按快捷键"V"激活"移动工具" ✛，将女孩图像拖到海景图像中，水平翻转女孩图像，按快捷键"Ctrl+T"为新图层添加自由变换框，调整其大小，并将其移到海景图像右侧的位置，效果如图3-39所示。

（7）按快捷键"T"激活"横排文字工具" T，输入相关文字内容，完成公益广告的制作，如图3-40所示。

图3-39　添加背景图像效果　　　　　　图3-40　公益广告

【知识拓展】

"对象选择工具" 的其他功能（请参考资料包中的"知识拓展/第3章/对象选择工具的其他功能"）。

3.3.2　课堂实训——使用"快速选择工具"进行数码照片合成

"快速选择工具" 通过查找和追踪图像的边缘来创建选区，以便快速选择图像，其操作方法类似于"画笔工具" ，可以设置画笔大小和角度，并在图像上按住鼠标左键进行拖动以创建选区，其选项栏如图3-41所示。

图3-41　"快速选择工具"选项栏

【操作步骤】

（1）打开"素材"/"赶海.jpg"素材文件，激活"快速选择工具" ，在其选项栏中单击"选择主体"按钮，快速选择人物图像，如图3-42所示。

（2）按快捷键"Ctrl+C"复制选择的人物图像，打开"素材"/"海滩.jpg"素材文件，按快捷键"Ctrl+V"将复制的人物图像粘贴到海滩图像中，生成图层1，如图3-43所示。

图3-42　选择人物图像　　　　　　图3-43　粘贴人物图像

（3）执行"编辑"→"变换"→"水平翻转"命令将人物图像水平翻转，并移到水坑边位置；按快捷键"Ctrl+J"复制图层1，即图层1拷贝层；执行"编辑"→"变换"→"垂直翻转"命令将图层1拷贝层中的人物图像垂直翻转，制作水面倒影效果，如图3-44所示。

图3-44　水平翻转、复制与垂直翻转效果

（4）暂时关闭图层1拷贝层，激活"快速选择工具"，在背景层上的水坑位置按住鼠标左键进行拖动，选择水面，按快捷键"Ctrl+Shift+I"进行反选，如图3-45所示。

图3-45　选择水面并反选

（5）打开图层1拷贝层，按"Delete"键删除多余图像，按快捷键"Ctrl+D"取消选区，将其图层的混合模式设置为"叠加"，制作水平倒影效果如图3-46所示，从而完成照片合成效果的制作。

图3-46　水平倒影效果

【知识拓展】

"快速选择工具"的其他功能（请参考资料包中的"知识拓展 / 第3章 / 快速选择工具的其他功能"）。

3.3.3　课堂实训——使用"魔棒工具"制作洒金"福"字

"魔棒工具"会以鼠标指针落点的像素颜色为基色，自动选取和该基色相同的颜色，常用于选取背景复杂的人物、花草等图像，其选项栏如图 3-47 所示。

图 3-47　"魔棒工具"选项栏

本节以使用"魔棒工具" 制作洒金"福"字为案例，介绍该工具在实际工作中的使用方法和技巧。

【操作步骤】

（1）按快捷键"Ctrl+N"，新建 10 厘米×10 厘米，分辨率为 72ppi，"背景内容"为白色（R：255、G：255、B：255）的 RGB 图像文件。

（2）按快捷键"Ctrl+J"复制背景层，即图层 1，执行"滤镜"→"杂色"→"添加杂色"命令，在弹出的"添加杂色"对话框中采用默认设置为图层 1 添加杂色，执行"滤镜"→"像素化"→"晶格化"命令，在弹出的"晶格化"对话框中将"单元格大小"设置为"20"，为图层 1 制作晶格，效果如图 3-48 所示。

（3）激活"魔棒工具" ，在其选项栏中将"容差"设置为"20"，取消勾选"连续"复选框，在图像中的任意颜色上单击鼠标左键，即可选中图像中相同的一种颜色块。

（4）设置前景色为黄色（R：255、G：210、B：0），背景色为红色（R：255、G：0、B：0），按快捷键"Alt+Delete"填充前景色，按快捷键"Ctrl+Shift+I"进行反选，再按快捷键"Ctrl+Delete"填充背景色，按快捷键"Ctrl+D"取消选区，制作洒金红纸，如图 3-49 所示。

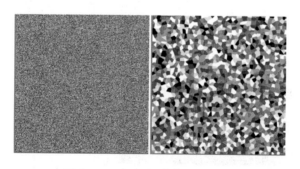 

图 3-48　杂色与晶格化效果　　　　　图 3-49　制作洒金红纸

（5）按快捷键"Ctrl+T"添加自由变换框，将其旋转角度设置为 45°，并缩放 70%，使图层 1 旋转并缩小，如图 3-50 所示。

（6）按快捷键"T"激活"横排文字工具" ，输入黑色的"福"文字内容，执行"编辑"→"变换"→"旋转 180°命令，将文字倒转过来，如图 3-51 所示。

（7）按快捷键"Ctrl+E"将图层 1 和文字层合并，单击"图层"面板底部的"图层样式" fx 按钮，选择"投影"样式，在弹出的"图层样式"对话框中采用默认设置制作投影，完成洒金"福"字的制作，效果如图 3-52 所示。

图 3-50　旋转并缩小　　　　图 3-51　输入文字并侧转　　　图 3-52　制作投影效果

【知识拓展】

"魔棒工具" 的其他功能（请参考资料包中的"知识拓展 / 第 3 章 / 魔棒工具的其他功能"）。

3.3.4　课堂实训——使用"图框工具"制作房地产网页页面

严格意义上来说，"图框工具" ⊠并不能算作是选择工具，但是该工具可以创建矩形或圆形占位符图框，方便置入图像，其效果类似于"贴入"命令，主要应用于画册、网页、折页设计中。该工具操作非常简单，本节通过制作房地产网页页面的案例，介绍"图框工具" ⊠在实际工作中的使用方法和技巧。

【操作步骤】

（1）按快捷键"Ctrl+N"，新建 1024 像素 ×576 像素，分辨率为 72ppi，"背景内容"为蓝绿色（R：0、G：81、B：76）的 RGB 图像文件。

（2）在图像左侧创建矩形选区并为其填充淡绿色（R：232、G：251、B：220），激活"图框工具" ⊠，在左下方创建矩形占位符图框，执行"文件"→"置入嵌入对象"命令，选择"素材 / 照片 -1.jpg"素材文件，将其置入矩形占位符图框中，将图层的混合模式设置为"点光"，如图 3-53 所示。

图 3-53　置入图像

（3）继续使用"图框工具" ⊠，分别在图像其他位置创建 3 个矩形占位符图框，并置入"素材"目录下的"风景 03.jpg""风景 05.jpg""雪景 .jpg"素材文件，如图 3-54 所示。

（4）按快捷键"T"激活"横排文字工具" T，在网页页面上输入相关文字内容，如图 3-55 所示，完成该房地产网页页面的制作。

图 3-54　置入其他图像

图 3-55　输入文字

3.4　其他选择的方法

除了以上各种选择工具，Photoshop 2023 还提供了其他选择图像的相关命令，下面继续介绍其他选择的方法。

3.4.1　课堂实训——使用"色彩范围"命令调整花瓣颜色

使用"色彩范围"命令可以快速选取与取样颜色相似的颜色范围，并且可以增加或减去选取范围，适合选择颜色比较复杂的图像。打开"素材"/"向日葵.jpg"素材文件，下面通过"色彩范围"命令选择向日葵黄色花瓣，并将其颜色调整为粉色。本节将介绍"色彩范围"命令在实际工作中的应用。

【操作步骤】

（1）执行"选择"→"色彩范围"命令，在弹出的"色彩范围"对话框中，选中"选择范围"单选按钮，将鼠标指针移到向日葵黄色花瓣上，单击鼠标左键进行取样，此时在"色彩范围"对话框的预览窗口中，被选择的花瓣图像以白色显示，如图 3-56 所示。

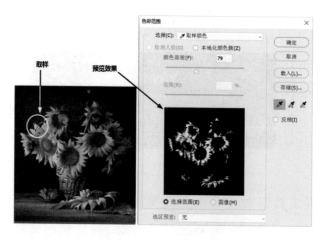

图 3-56　取样并预览

（2）拖动"颜色容差"滑块以设置容差值（容差值越大，选择范围越大；反之，选择范围越小），或者单击 ![按钮]按钮，在图像中通过单击鼠标左键可以增加选取范围；单击 ![按钮]按钮，在图像中通过单击鼠标左键可以减去选取范围，完成后单击"确定"按钮，如图 3-57 所示。

（3）执行"图像"→"调整"→"色相 / 饱和度"命令，在弹出的"色相 / 饱和度"对话框中将"色相"设置为"−115"，其他选项保持默认设置，单击"确定"按钮，调整后的花瓣颜色如图 3-58 所示。

图 3-57　选择黄色花瓣　　　　　　图 3-58　调整花瓣颜色

 小贴士

另外，在"色彩范围"对话框的"选择"下拉列表中可以选择一种颜色进行取样，这样可以直接选取与取样颜色相同的颜色范围。

3.4.2　课堂实训——使用"焦点区域"命令快速克隆老鹰图像

使用"焦点区域"命令可以自动选择图像的焦点，并且在选择时可以对选择范围进行增减，以精确选择。打开"素材"/"飞翔的老鹰 .jpg"素材文件，下面通过"焦点区域"命令将老鹰图像快速选择并复制到图层中。本节将介绍"焦点区域"命令在实际工作中的应用。

【操作步骤】

（1）执行"选择"→"焦点区域"命令，弹出"焦点区域"对话框，在"视图"下拉列表中选择一种模式，如选择"白底"模式，如图 3-59 所示。

（2）调整"焦点对准范围"和"图像杂色级别"两个滑块，此时老鹰图像作为焦点区域被选择，其他范围以白色底色显示，如图 3-60 所示。

图 3-59　选择"白底"模式　　　　　图 3-60　老鹰图像被选择

（3）在"输出"选区中，将输出的范围设置为"新建图层"，单击"确定"按钮，图像被选择并创建为图层，如图 3-61 所示。

图 3-61　图像被选择并创建为图层

（4）按快捷键"Ctrl+T"为新图层添加自由变换框，将其缩放 50%，并将其移到左下角位置，如图 3-62 所示。

图 3-62　缩放并调整位置

3.4.3　课堂实训——使用"天空"命令替换老鹰图像的天空背景

"天空"命令用于选择图像的天空。继续 3.4.2 节的操作，下面使用"天空"命令快速替换老鹰图像的天空背景。

【操作步骤】

（1）继续 3.4.2 节的操作，执行"选择"→"天空"命令，此时老鹰图像的天空被选择，如图 3-63 所示。

（2）打开"素材"/"云海 .jpg"素材文件，按快捷键"Ctrl+A"进行全选，按快捷键"Ctrl+C"进行复制，并将其关闭。

（3）激活老鹰图像，按快捷键"Ctrl+Shift+V"，将复制的云海图像粘贴到老鹰图像的背景层，如图 3-64 所示。

图 3-63　选择天空图像　　　　图 3-64　粘贴云海图像

3.4.4　课堂实训——使用"主体"命令替换女孩图像背景

使用"主体"命令可以自动识别图像的主体并将其选中。打开"素材"/"女孩 A.jpg"素材文件，该照片背景比较复杂，如果要从背景中精确选取女孩图像有一定的难度，此时可以使用"主体"命令精确选取女孩图像。

【操作步骤】

（1）执行"选择"→"主体"命令，此时系统自动识别女孩图像并将其选中，按快捷键"Ctrl+Shift+I"反选背景，如图 3-65 所示。

图 3-65　选择主体与反选背景

（2）打开"素材"/"雪山 .jpg"素材文件，按快捷键"Ctrl+A"进行全选，按快捷键"Ctrl+C"进行复制，并将其关闭。

（3）返回"女孩 A.jpg"文档，按快捷键"Alt+Ctrl+Shift+V"将复制的雪山图像粘贴到女孩图像的背景层，按快捷键"Ctrl+T"添加自由变换框，调整图像大小，执行"编辑"→"变换"→"水平翻转"命令将其水平翻转，完成女孩图像背景的替换，如图 3-66 所示。

图 3-66　替换背景

3.4.5　课堂讲解——"遮住所有对象"命令

使用"遮住所有对象"命令可以轻松为图层内检测到的所有对象生成图层蒙版，这也是快速选择图像的一种有效方法。

打开"素材"/"照片 06.jpg"素材文件，执行"图层"→"遮住所有对象"命令，此时将图层内检测到的两个人物对象生成图层蒙版，如图 3-67 所示。

图 3-67　将检测到的对象生成图层蒙版

按住"Ctrl"键，同时单击图层蒙版缩览图，即可载入对象的选区，如图 3-68 所示。

图 3-68　载入选区

3.5　操作、编辑与修改选区

创建选区后，可以全选、反选、移动选区、变换选区、取消选区、描边选区、填充选区，以及对选区进行编辑、修改等操作。本节将对其相关知识进行介绍。

3.5.1　课堂讲解——全选与反选

"全选"是指选择全部图像，可以按快捷键"Ctrl+A"，或者执行"选择"→"全部"命令，选择全部图像，而"反选"是指将选区反选，按快捷键"Ctrl+Shift+I"，或者执行"选择"→"反选"命令，即可反选选区。

打开"素材"/"飞翔的鸟 .jpg"素材文件，按快捷键"Ctrl+A"选择全部图像；使用"对象选择工具"　在飞翔的鸟图像上单击鼠标左键将其选中，按快捷键"Ctrl+Shift+I"反选背景图像，如图 3-69 所示。

图 3-69 全选与反选

3.5.2 课堂讲解——移动、变换与取消选区

选择飞翔的鸟图像后，按方向键，或者将鼠标指针移到选区内按住鼠标左键进行拖动，即可移动选区，如图 3-70 所示。

执行"选择"→"变换选区"命令，添加变换框，可以对选区进行缩放变换，但图像不发生变化，如图 3-71 所示。

图 3-70 移动选区

图 3-71 变换选区

按快捷键"Ctrl+D"，或者执行"选择"→"取消选区"命令，取消选区。

3.5.3 课堂讲解——描边与填充选区

打开"素材"/"飞翔的老鹰 .jpg"素材文件，使用"对象选择工具" 在老鹰图像上单击鼠标左键将其选中，执行"编辑"→"描边"命令，弹出"描边"对话框，如图 3-72 所示。

图 3-72 "描边"对话框

宽度：用于设置描边的宽度。

颜色：单击"颜色"按钮可以设置描边颜色。

位置：用于设置描边的位置。其中，"内部"是指在选区内部描边；"居中"是指在选区中间描边；"居外"是指在选区外部描边。

模式：用于设置描边的混合模式。

不透明度：用于设置描边的不透明度。

图 3-73 所示为使用白色，以"居外"方式沿老鹰图像选区描边的效果。

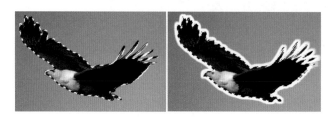

图 3-73　选区描边的效果

继续执行"编辑"→"填充"命令，弹出"填充"对话框，在"内容"下拉列表中选择填充内容，如选择"背景色"选项，并设置填充"模式"和"不透明度"，对选区进行填充，如图 3-74 所示。

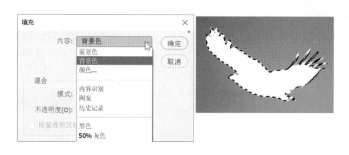

图 3-74　填充选区

3.5.4　课堂实训——使用"删除和填充选区"命令删除不需要的图像

当使用"矩形选框工具" 、"椭圆选框工具" 、"套索工具" 、"多边形套索工具" 、"磁性套索工具" 、"对象选择工具" ，以及"快速选择工具" 选择图像后，可以使用"删除和填充选区"命令将选择的图像删除并对选区进行无损填充。所谓"无损填充"就是删除的部分会使用其周围的图像进行填充，从而不损坏图像背景。

打开"素材"/"鸽子.jpg"素材文件，下面删除图像中左下方的鸽子图像。

【操作步骤】

（1）激活"对象选择工具" ，在左下方鸽子图像上单击鼠标左键将其选中。

（2）按快捷键"Shift+Backspace"，或者单击鼠标右键，在弹出的快捷菜单中执行"删除和填充选区"命令，将被选择的鸽子图像删除，且删除的区域使用背景图像填充，如图3-75所示。

图3-75　删除并填充选区

📋 小贴士

只有使用"对象选择工具" 🔲 选择图像后，可以按快捷键"Shift+Backspace"完成删除和填充操作，当使用"矩形选框工具" ⬚ 、"椭圆选框工具" ⬭ 、"套索工具" ◯ 、"多边形套索工具" ▷ 、"磁性套索工具" ▷ ，以及"快速选择工具" ✎ 选择图像后，只能单击鼠标右键，在弹出的快捷菜单中执行"删除和填充选区"命令，完成删除和填充操作。

3.5.5　课堂讲解——扩大选取与选取相似

"扩大选取"命令和"选取相似"命令都可以增加选区。不同的是，"扩大选取"命令可以将已有的选区扩大，以扩大选取范围，而"选取相似"命令可以选取与已选择的像素相似的颜色，以扩大选取范围。

打开"素材"/"花卉静物.jpg"素材文件，激活"魔棒工具" ✨ ，在红色花朵上单击鼠标左键，选择部分红色花朵，执行"选择"→"扩大选取"命令，选区被扩大，可以选取更多红色花朵，如图3-76所示。

图3-76　扩大选取

打开"素材"/"海景.jpg"素材文件，激活"魔棒工具" ✨ ，在蓝色天空上单击鼠标左键，选择蓝色天空，执行"选择"→"选取相似"命令，结果蓝色海面也被选择，如图3-77所示。

图 3-77　选取相似

3.5.6　课堂讲解——修改选区的命令

在"选择"→"修改"子菜单下有一组命令，可以对选区进行相关修改，如图 3-78 所示。

图 3-78　修改选区的命令

"边界"命令：为选区增加边界，如图 3-79 所示。

图 3-79　"边界"命令

"平滑"命令：使选区的尖角变得平滑，如图 3-80 所示。

图 3-80　"平滑"命令

"扩展"命令：扩展选区以扩大选取范围，如图 3-81 所示。

图 3-81　"扩展"命令

"收缩"命令：收缩选区以减小选取范围，如图 3-82 所示。

图 3-82 "收缩"命令

"羽化"命令：对创建的选区设置羽化值，可以增加羽化效果，如图 3-83 所示。

图 3-83 "羽化"命令

3.5.7 课堂讲解——"存储选区"命令与"载入选区"命令

"存储选区"命令可以将选区存储为通道,而"载入选区"命令则可以将存储的选区载入,以便继续进行编辑。

打开"素材"/"飞翔的鸟.jpg"素材文件,选择鸟图像,执行"选择"→"存储选区"命令,弹出"存储选区"对话框,将"名称"设置为选区名,如将其命名为"1",如图 3-84 所示,单击"确定"按钮,关闭该对话框,将选区保存。

执行"选择"→"载入选区"命令,在弹出的"载入选区"对话框中将"通道"设置为存储的"1"选区,在"操作"选区中选择操作方式,单击"确定"按钮,即可载入该选区,如图 3-85 所示。

图 3-84 存储选区

图 3-85 载入选区

 小贴士

为存储的每一个选区命名,并在载入选区时,根据需要选择操作方式,从而实现相加、相减、相交等效果。

综合实训——落日余晖

打开"素材"/"风景03.jpg"素材文件，结合本章所学内容，对图像颜色进行处理，制作落日余晖效果，详细操作请观看视频讲解。原图像与处理后的图像效果对比如图3-86所示。

图3-86　原图像与处理后的图像效果对比

详细操作步骤见配套教学资源中的视频讲解。

表3-1所示为落日余晖效果的练习评价表。

表3-1　落日余晖效果的练习评价表

练习项目	检查点	完成情况	出现的问题及解决措施
落日余晖效果	"色彩范围"命令	□完成　□未完成	
	"色相/饱和度"命令	□完成　□未完成	

知识巩固与能力拓展

1．填空题

（1）选框工具包括（　　）、（　　）、（　　）和（　　）。

（2）"魔棒工具"选择范围的大小取决于（　　）的设置。

（3）当"矩形选框工具"的"样式"为（　　）时可以创建正方形选区。

（4）"单行选框工具"可以创建高度为（　　）像素的选区。

（5）（　　）命令可以为创建的选区设置羽化效果。

2．选择题

（1）有两个圆角矩形选区，分别向两个选区填充颜色后得到如图3-87所示的效果，原因是（　　）。

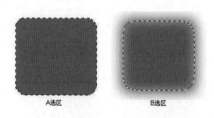

图3-87　填充颜色后的效果

A．A 选区填充了一种单色，而 B 选区填充了两种颜色

B．A 选区没有羽化效果，B 选区有羽化效果

C．A 选区有羽化效果，B 选区没有羽化效果

D．A 选区和 B 选区都有羽化效果，只是 A 选区的羽化值小于 B 选区的羽化值

（2）下列关于"羽化"命令的描述，正确的是（　　）。

A．"羽化"命令可以使选区边缘产生虚化效果，使选取的图像边缘柔和、自然

B．"羽化"命令可以使图像边缘透明，产生透明效果

C．"羽化"命令能消除图像边缘的锯齿

D．"羽化"命令可以缩小图像选取范围

（3）创建一个圆角矩形选区，正确的操作是（　　）。

A．首先设置"矩形选框工具"的羽化值，然后创建矩形选区

B．首先创建羽化为 0 的矩形选区，然后使用"平滑"命令进行平滑操作

C．首先创建羽化为 0 的矩形选区，然后使用"羽化"命令设置羽化值

D．首先创建矩形选区，然后使用"从选区中减去"功能对矩形选区的 4 个角进行处理

（4）下列关于"与选区相交"功能的描述，正确的是（　　）。

A．"与选区相交"功能可以保留两个选区相交的公共部分，而删除不相交的其他区域

B．"与选区相交"功能是从原选区中减去相交的公共部分

C．"与选区相交"功能可以与原选区相加形成新的选区

D．"与选区相交"功能可以单独形成新的选区，与原选区无关

3．操作题——制作彩色泡泡

打开"素材"/"雪山 .jpg"素材文件，根据所学知识，制作一个彩色泡泡效果，如图 3-88 所示。

操作提示：

（1）新建图层 1，绘制圆形选区并将其存储，使用"羽化"命令为其增加羽化值，之后使用白色进行描边。

图 3-88　彩色泡泡效果

（2）载入存储的选区，反选并删除，制作泡泡的基本效果，之后锁定图层 1 的透明像素，向图层 1 填充色谱渐变色。

（3）使用"画笔工具" 在泡泡上添加两个白色高光，完成彩色泡泡效果的制作。

工作任务分析

本章的主要任务是掌握图像的修饰与美化技能，具体内容包括去除图像污点、修补图像残损面、替换图像颜色、擦除图像背景、调整图像色调等相关知识。

知识学习目标

- 掌握各种修饰与美化工具的使用方法。
- 掌握"仿制图章工具" ▲与"图案图章工具" ▓的使用方法。
- 掌握"红眼工具" ⁺◉的使用方法。
- 掌握调整图像颜色与层次的工具的使用方法。
- 掌握各类橡皮擦工具的使用方法。

技能实践目标

- 能够使用各种修饰与美化工具处理图像。
- 能够使用"仿制图章工具" ▲与"图案图章工具" ▓复制图像。
- 能够使用各类调整工具调整图像颜色与层次。
- 能够擦除图像。

4.1　修饰与美化图像

Photoshop 2023 提供了更加完善的图像修饰与美化工具，这些工具包括："污点修复画笔工具" ✎、"修复画笔工具" ✐、"修补工具" ✺、"红眼工具" ⁺◉，以及"内容感知移动工具" ✄。本节通过具体案例的制作，介绍使用这些工具修饰与美化图像的方法和技巧。

4.1.1　课堂实训——使用"污点修复画笔工具"去除图像中的人物图像

使用"污点修复画笔工具" ✎可以不留痕迹地快速去除图像上不需要的任何对象，对图像进行修饰与美化。其操作比较简单，首先在选项栏中选择合适的画笔大小，并设置模式、类型及画笔角度等，然后在想要去除的图像上单击鼠标左键或者按住鼠标左键进行拖动，即可去除不需要的图像。"污点修复画笔工具" ✎选项栏如图 4-1 所示。

图 4-1　"污点修复画笔工具"选项栏

打开"素材"/"雪景 03.jpg"素材文件，下面使用"污点修复画笔工具" 去除画面中的人物图像。

【操作步骤】

（1）激活"污点修复画笔工具" ，在其选项栏中将"模式"设置为"正常"，"类型"设置为"内容识别"，根据人物上半身选择合适的画笔大小，其他选项保持默认设置，在人物上半身位置单击鼠标左键，将其去除，如图 4-2 所示。

图 4-2　去除人物上半身图像

（2）重新设置画笔，分别在人物腿部位置和投影上单击鼠标左键，将下半身和投影都去除，如图 4-3 所示。

图 4-3　去除下半身与投影

【知识拓展】

"污点修复画笔工具" 的其他功能（请参考资料包中的"知识拓展 / 第 4 章 / 污点修复画笔工具的其他功能"）。

4.1.2　课堂实训——使用"修复画笔工具"去除图像上的人物剪影

使用"修复画笔工具" 不仅可以利用图像及图案样本像素来修复图像，还可以将样本像素的纹理、光照、透明度和阴影与所修复的像素进行匹配，从而使修复后的像素不留痕迹地融入照片的其余颜色中，其选项栏如图 4-4 所示。

图 4-4 "修复画笔工具"选项栏

打开"素材"/"暮色 .jpg"素材文件，下面使用"修复画笔工具" 🖊️ 去除图像上的人物剪影。

【操作步骤】

（1）激活"修复画笔工具" 🖊️，选择合适的画笔大小，将"模式"设置为"正常"，激活"取样"按钮，按住"Alt"键在左侧人物剪影手臂旁边单击鼠标左键进行取样，并在手臂上按住鼠标左键通过拖动鼠标进行修复，如图 4-5 所示。

图 4-5 取样并修复手臂

（2）继续在头部、身体及腿部周围取样，单击鼠标左键或者按住鼠标左键进行拖动，可以对头部、身体和腿部图像进行修复，从而完成左侧人物剪影的修复，如图 4-6 所示。

（3）使用相同的方法，对右侧的人物剪影也进行修复，如图 4-7 所示，从而完成该图像效果的制作。

图 4-6 修复左侧人物剪影

图 4-7 修复右侧人物剪影

📋 小贴士

使用"修复画笔工具" 🖊️ 修复图像的最大特点就是取样。因此，在修复图像时需要在被修复的图像周围多次取样，这样才能将被修复的图像融入周围环境中。另外，取样时要根据图像大小选择合适的画笔大小。

【知识拓展】

"修复画笔工具" 🖊️ 的其他功能（请参考资料包中的"知识拓展 / 第 4 章 / 修复画笔工具的其他功能"）。

4.1.3　课堂实训——使用"修补工具"修补图像残损面

"修补工具" ⚙可以对图像残损面进行修补，其选项栏如图 4-8 所示。

图 4-8　"修补工具"选项栏

打开"素材"/"照片 10.jpg"素材文件，使用"修补工具" ⚙对图像中残损的草坪进行修补。

【操作步骤】

（1）激活"修补工具" ⚙，将"修补"设置为"正常"，选择"源"模式，选中裸露的地皮，按住鼠标左键将其拖到草坪上释放鼠标左键，即可对裸露的地皮进行修补，如图 4-9 所示。

图 4-9　修补草坪

（2）选择"目标"模式，按住鼠标左键将右下角修补的草坪向左拖到裸露的地皮上释放鼠标左键，继续对草坪进行修补，如图 4-10 所示。

（3）使用相同的方法，分别选择"源"和"目标"两种模式，继续对左侧残损草坪进行修补，完成对该图像残损面的修补，效果如图 4-11 所示。

图 4-10　继续修补草坪　　　　　　　　图 4-11　图像残损面的修补效果

【知识拓展】

"修补工具" ⚙的其他功能（请参考资料包中的"知识拓展 / 第 4 章 / 修补工具的其他功能"）。

4.1.4　课堂实训——使用"内容感知移动工具"克隆图像中的人物

使用"内容感知移动工具" ✄可以选择并移动图像，同时自动填充移动后的区域，在移动克隆对象的同时可以对对象进行缩放和旋转，其选项栏如图 4-12 所示。

图 4-12 "内容感知移动工具"选项栏

打开"素材"/"雪景 01.jpg"素材文件，下面使用"内容感知移动工具" ✖对图像中的人物进行移动克隆。

【操作步骤】

（1）激活"内容感知移动工具" ✖，将"模式"设置为"移动"，选择人物图像及其投影，将其向右上方移动，并对其进行缩放与旋转，如图 4-13 所示，完成后单击✔按钮。

图 4-13 移动、缩放与旋转图像

（2）将"模式"设置为"扩展"，将人物图像向左下方移动，并对其进行缩放与旋转，完成后单击✔按钮，之后按快捷键"Ctrl+D"取消选区，完成人物图像的克隆，效果如图 4-14 所示。

图 4-14 克隆人物图像效果

【知识拓展】

"内容感知移动工具" ✖的其他功能（请参考资料包中的"知识拓展/第 4 章/内容感知移动工具的其他功能"）。

4.1.5 课堂实训——使用"红眼工具"处理人物照片红眼效果

红眼是照相机的闪光灯对人眼产生的一种效果，使用"红眼工具" ✛◉可以轻松去除人物、动物的红眼效果。该工具操作非常简单，其选项栏如图 4-15 所示。

图 4-15 "红眼工具"选项栏

瞳孔大小：调整眼睛瞳孔的大小。

变暗量：调整瞳孔的亮度。

打开"素材"/"红眼照片 .jpg"素材文件，激活"红眼工具" **◦**，分别在女孩左、右眼睛的瞳孔上按住鼠标左键并进行拖动将其选中，即可对红眼效果进行处理，如图 4-16 所示。

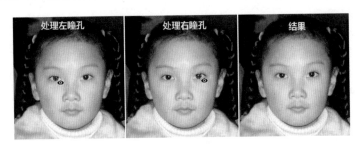

图 4-16 处理红眼效果

4.2 复制图像

在 Photoshop 中，使用"仿制图章工具" **■**可以复制图像，从而达到消除图像瑕疵和美化图像效果的目的，而使用"图案图章工具" **■**可以向图像中填充系统自带的图案或者用户自定义的图案，从而达到修饰与美化图像的目的。本节将介绍使用"仿制图章工具" **■**与"图案图章工具" **■**修饰美化图像的方法和技巧。

4.2.1 课堂实训——使用"仿制图章工具"进行图像合成

"仿制图章工具" **■**可以通过从图像中选取的样本来修饰图像，其选项栏如图 4-17 所示。

图 4-17 "仿制图章工具"选项栏

打开"素材"/"风景 07.jpg""女孩 .jpg""照片 04.jpg"素材文件，首先将右侧的向日葵仿制到左侧，然后将"女孩 .jpg"素材文件中女孩的笑脸仿制到右侧向日葵的花朵中，最后将"照片 04"素材文件中女孩的笑脸仿制到左侧向日葵的花朵中，如图 4-18 所示。

图 4-18 使用"仿制图章工具"进行图像合成

【操作步骤】

（1）激活"仿制图章工具" 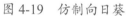，选择合适的画笔大小，按住"Alt"键在向日葵花朵上单击鼠标左键进行取样，并在左侧位置按住鼠标左键进行拖动，将其仿制到左侧，如图 4-19 所示。

（2）继续按住"Alt"键，在"女孩.jpg"文档的脸部单击鼠标左键进行取样，在右侧的向日葵花朵上按住鼠标左键进行拖动，对女孩脸部进行仿制，如图 4-20 所示。

（3）继续按住"Alt"键，在"照片 04.jpg"文档的女孩脸部单击鼠标左键进行取样，在左侧的向日葵花朵上按住鼠标左键进行拖动，对女孩脸部进行仿制，如图 4-21 所示。

图 4-19　仿制向日葵　　　　图 4-20　仿制女孩脸部（1）　　　图 4-21　仿制女孩脸部（2）

【知识拓展】

"仿制图章工具" 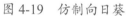的其他功能（请参考资料包中的"知识拓展 / 第 4 章 / 仿制图章工具的其他功能"）。

4.2.2　课堂讲解——使用"图案图章工具"复制图案

使用"图案图章工具" 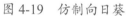可以将系统预设或用户自定义的图案复制到图像上，这类似于使用"填充"命令填充图案，其选项栏如图 4-22 所示。

图 4-22　"图案图章工具"选项栏

首先选择合适的画笔大小，并设置"模式"、"不透明度"和"流量"等选项对画笔的效果进行控制；然后单击图案下拉按钮，选择系统预设的图案，在图像上按住鼠标左键进行拖动，即可将图案复制到图像上，如图 4-23 所示。

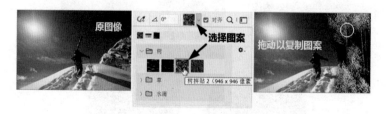

图 4-23　复制图案

【知识拓展】

使用"图案图章工具"复制自定义图案（请参考资料包中的"知识拓展/第 4 章/使用图案图章工具复制自定义图案"）。

4.3 调整图像颜色与层次

本节将介绍调整图像颜色与层次的相关工具的用法。这些工具包括"颜色替换工具" 、"混合器画笔工具" 、"减淡工具" 、"加深工具" ，以及"海绵工具" 。

4.3.1 课堂实训——使用"颜色替换工具"改变女士服饰的颜色

使用"颜色替换工具" 可以将前景色快速替换为除"位图"、"索引"或"多通道"颜色模式之外的其他图像的颜色，其选项栏如图 4-24 所示。

图 4-24 "颜色替换工具"选项栏

本节使用"颜色替换工具" 改变女士服饰的颜色，并通过该案例介绍"颜色替换工具" 在实际工作中的使用方法和技巧。

【操作步骤】

（1）打开"素材"/"戴围巾的女士.jpg"素材文件，激活"快速选择工具" ，选择合适的画笔大小，在女士的围巾上按住鼠标左键进行拖动，将围巾图像选中，如图 4-25 所示。

（2）打开"色板"面板，在"纯净"颜色组中单击"纯青蓝"颜色按钮，将其设置为前景色，如图 4-26 所示。

（3）激活"颜色替换工具" ，选择合适的画笔大小，将"模式"设置为"颜色"，其他选项保持默认设置，在女士的围巾上按住鼠标左键进行拖动，即可将围巾的颜色替换为前景色，如图 4-27 所示。

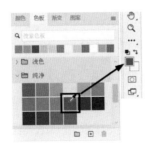

图 4-25　选中围巾图像　　　　图 4-26　设置前景色　　　　图 4-27　替换围巾的颜色（1）

（4）使用相同的方法，分别将前景色设置为"纯黄橙"、"纯青豆绿"及"纯紫"颜色，用来替换围巾的颜色，如图 4-28 所示。

图 4-28　替换围巾的颜色（2）

【知识拓展】

"颜色替换工具" 🖌️的其他功能（请参考资料包中的"知识拓展 / 第 4 章 / 颜色替换工具的其他功能"）。

4.3.2　课堂实训——使用"混合器画笔工具"增加女士皮肤红润度

使用"混合器画笔工具" 🖌️可以模拟真实的绘画技巧（例如，混合颜料，以及改变颜料的湿度等），也可以为图像添加一种颜色，以改变图像的颜色，其选项栏如图 4-29 所示。

🖌️ ⌄ ● 🔲 📃 🔳 ⌄ 🖌️ ✖ 非常潮湿，浅混合 ⌄ 潮湿：100% ⌄ 载入：50% ⌄ 混合：0% ⌄ 流量：100% ⌄ 🎨 ◯ 10% ⌄ ⚙ ◿ 0° □ 对所有图层取样 🖌️

图 4-29　"混合器画笔工具"选项栏

打开"素材" /"金发女士 .jpg"素材文件，下面使用"混合器画笔工具" 🖌️调整女士的皮肤，使其更加红润。

【操作步骤】

（1）单击工具箱中的前景色颜色块，在弹出的"拾色器（前景色）"对话框中将其颜色设置为洋红色（R：255、G：0、B：195）。

（2）在"混合器画笔工具" 🖌️选项栏中，选择合适的画笔大小，激活🖌️按钮和✖按钮，并在其下拉列表中选择"非常潮湿、浅混合"选项，其他选项保持默认设置，在女士脸部单击鼠标左键，为其添加颜色并进行颜色混合，使原本有些苍白的女士脸部显得更加白皙红润，使用"混合器画笔工具" 🖌️增加女士皮肤红润度如图 4-30 所示。

图 4-30　使用"混合器画笔工具"增加女士皮肤红润度

【知识拓展】

"混合器画笔工具" ✍的其他功能（请参考资料包中的"知识拓展 / 第 4 章 / 混合器画笔工具的其他功能"）。

4.3.3　课堂实训——使用"减淡工具"调亮海面图像

"减淡工具" 🔍用于提高图像特定区域的曝光度，使图像区域变亮，其选项栏如图 4-31 所示。

图 4-31　"减淡工具"选项栏

打开"素材" / "阴雨天的海景 .jpg"素材文件，由于是阴雨天，因此海面图像的整体光线较灰暗。本节使用"减淡工具" 🔍调整海面图像的曝光度，使其颜色更明亮，如图 4-32 所示。

图 4-32　使用"减淡工具"调亮海面图像

【操作步骤】

（1）首先激活"对象选择工具" 📠，在图像的天空区域单击鼠标左键将其选中；然后执行"图像"→"调整"→"照片滤镜"命令，在弹出的"照片滤镜"对话框中选中"滤镜"单选按钮，并在其下拉列表中选择"Deep Blue"选项，将"密度"设置为 95%，调整天空颜色，如图 4-33 所示。

图 4-33　调整天空颜色

（2）首先按快捷键"Ctrl+Delete"取消选区，再次激活"对象选择工具" ，在图像的海面区域单击鼠标左键将其选中；然后执行"图像"→"调整"→"照片滤镜"命令，在弹出的"照片滤镜"对话框中选中"滤镜"单选按钮，并在其下拉列表中选择"Deep Blue"选项，将"密度"设置为90%，调整海面颜色，如图4-34所示。

图 4-34　调整海面颜色

（3）单击"确定"按钮，关闭该对话框，按快捷键"Ctrl+Delete"取消选区，激活"减淡工具" ，在其选项栏中选择合适的画笔大小，将"范围"设置为"高光"，"曝光度"设置为30%，在天空和海面的高光位置处单击鼠标左键，以提高高光的曝光度，如图4-35所示。

（4）执行"选择"→"反选"命令反选选区，继续使用"减淡工具" ，采用相同的参数设置，在近处的海滩和远处的高楼上单击鼠标左键，调整这些区域高光的曝光度，如图4-36所示。

图 4-35　调整天空和海面高光的曝光度　　　图 4-36　调整海滩和高楼高光的曝光度

（5）按快捷键"Ctrl+Delete"取消选区，完成该图像曝光度效果的调整。

【知识拓展】

"减淡工具" 🔍 的其他功能（请参考资料包中的"知识拓展 / 第 4 章 / 减淡工具的其他功能"）。

4.3.4　课堂实训——使用"加深工具"增强人物图像的立体感

"加深工具" ◐ 用于降低图像特定区域的曝光度，使图像区域变暗，立体感更强，类似于摄影师提高曝光度使照片中的区域变暗，以增强图像立体效果，其选项栏如图 4-37 所示。

图 4-37　"加深工具"选项栏

打开"素材" / "女士 01.jpg"素材文件，下面使用"加深工具" ◐ 降低女士图像特定区域的曝光度，以加深其明暗对比，使人物五官立体感更强，如图 4-38 所示。

图 4-38　使用"加深工具"增强人物图像的立体感

【操作步骤】

（1）打开"素材" / "女士 01.jpg"素材文件。

（2）激活"加深工具" ◐，选择合适的画笔大小，将"范围"设置为"阴影"，"曝光度"设置为 20%，在女士左、右眼眶，左、右脸颊，右侧鼻翼阴影，以及头发阴影位置单击鼠标左键，以降低这些区域阴影颜色的曝光度，如图 4-39 所示。

（3）将"范围"设置为"中间调"，"曝光度"设置为 10%，继续在女士左、右眼眶，左、右脸颊，右侧鼻翼，以及头发位置单击鼠标左键，以降低这些区域中间调颜色的曝光度，如图 4-40 所示。

图 4-39　降低阴影颜色的曝光度　　图 4-40　降低中间调颜色的曝光度

（4）激活"减淡工具" ，将"范围"设置为"高光"，"曝光度"设置为10%，继续在女士脸颊和头发位置单击鼠标左键，以提高这些区域高光颜色的曝光度，使高光更强，如图4-41所示，从而加深人物图像的明暗对比，完成该照片效果的调整。

图 4-41　提高高光颜色的曝光度

【知识拓展】

"加深工具" 的其他功能（请参考资料包中的"知识拓展/第4章/加深工具的其他功能"）。

4.3.5　课堂实训——使用"海绵工具"提高照片中草坪颜色的饱和度

使用"海绵工具" 可以精确地更改图像某一区域的色彩饱和度。在灰度模式下，该工具通过降低或提高暗色度来提高或降低图像的对比度，其选项栏如图4-42所示。

图 4-42　"海绵工具"选项栏

打开"素材"/"照片06.jpg"素材文件，下面使用"海绵工具" 来提高照片中草坪颜色的饱和度，使照片颜色更加亮丽，如图4-43所示。

图 4-43　使用"海绵工具"增加照片中草坪颜色的饱和度

【操作步骤】

（1）打开"素材"/"照片06.jpg"素材文件，激活"对象选择" 工具，在照片的人物图像上单击鼠标左键，将人物图像选中，执行"选择"→"修改"→"羽化"命令，在弹出的"羽化选区"对话框中将"羽化半径"设置为 2 像素，如图 4-44 所示，单击"确定"按钮，关闭该对话框。

图 4-44　选中人物图像并设置羽化效果

（2）执行"选择"→"反选"命令反选选区，激活"海绵工具" ，设置合适的画笔大小，将"模式"设置为"加色"，"曝光度"设置为 100%，在照片的绿色草坪上按住鼠标左键进行拖动，以提高草坪颜色的饱和度，如图 4-45 所示。

（3）激活"加深工具" ，将"范围"设置为"阴影"，"曝光度"设置为 30%，在照片的草坪背景上按住鼠标左键进行拖动，以降低草坪阴影颜色的曝光度，如图 4-46 所示。

図 4-45　提高草坪颜色的饱和度　　　　　図 4-46　降低草坪阴影颜色的曝光度

（4）将"范围"设置为"中间调"，"曝光度"设置为 30%，在照片的草坪背景上按住鼠标左键进行拖动，以降低草坪中间调颜色的曝光度，如图 4-47 所示。

（5）按快捷键"Ctrl+D"取消选区，完成照片草坪颜色的处理，如图 4-48 所示。

图 4-47　降低草坪中间调颜色的曝光度　　　　图 4-48　照片处理结果

📋 小贴士

在"海绵工具" 🔵选项栏中将"模式"设置为"去色"，可以降低图像颜色的饱和度。继续上述的操作，激活"海绵工具" 🔵，将"模式"设置为"去色"，在照片人物图像上按住鼠标左键进行拖动，以降低人物图像颜色的饱和度，创建黑白照片效果，如图 4-49 所示。

图 4-49　降低人物图像颜色的饱和度

【知识拓展】

"海绵工具" 🔵的其他功能（请参考资料包中的"知识拓展 / 第 4 章 / 海绵工具的其他功能"）。

4.4　擦除与恢复图像

本节将介绍擦除图像与恢复图像的相关工具的使用方法。这些工具包括"橡皮擦工具" 🖌、"背景橡皮擦工具" 🖌、"魔术橡皮擦工具" 🖌、"历史记录画笔工具" 🖌，以及"历史记录艺术画笔工具" 🖌。

4.4.1　课堂实训——使用"橡皮擦工具"快速制作 2 寸工作照

使用"橡皮擦工具" 🖌可以更改图像中的像素。如果在背景中或在透明区域被锁定的图层中使用"橡皮擦工具" 🖌进行擦除，则擦除区域将更改为背景色；如果在图层上使用"橡皮擦工具" 🖌进行擦除，则可以将擦除区域擦除为透明。"橡皮擦工具" 🖌选项栏如图 4-50 所示。

图 4-50　"橡皮擦工具"选项栏

下面使用"橡皮擦工具" 🖌快速制作背景色为蓝色和红色的 2 寸工作照，如图 4-51 所示，并通过该案例介绍"橡皮擦工具" 🖌的使用方法和技巧。

图 4-51　使用"橡皮擦工具"快速制作 2 寸工作照

【操作步骤】

（1）打开"素材"/"照片 07.jpg"素材文件，该照片尺寸符合 2 寸照片尺寸要求（2 寸照片的尺寸为 3.5 厘米 ×5.3 厘米，或者 413 像素 ×579 像素），如图 4-52 所示。

（2）激活"对象选择工具"，在照片的人物图像上单击鼠标左键将人物图像选中，执行"选择"→"反选"命令反选选区。

（3）单击工具箱中的背景色颜色块，在弹出的"拾色器（背景色）"对话框中将其颜色设置为蓝色（R：0、G：0、B：255），之后激活"橡皮擦工具"，选择合适的画笔大小，将"不透明度"设置为 100%，在照片背景上按住鼠标左键进行拖动，将照片原背景擦除，使擦除区域更改为蓝色背景色，如图 4-53 所示。

（4）依照第（3）步的操作设置背景色为红色（R：255、G：0、B：0），并再次激活"橡皮擦工具"，选择合适的画笔大小，将"不透明度"设置为 100%，在照片蓝色背景上按住鼠标左键进行拖动，将照片蓝色背景擦除，使擦除区域更改为红色背景色，如图 4-54 所示。

图 4-52　原照片　　　　图 4-53　制作蓝色背景照片　　　图 4-54　制作红色背景照片

（5）按快捷键"Ctrl+D"取消选区，完成工作照的制作。

【知识拓展】

"橡皮擦工具"的其他功能（请参考资料包中的"知识拓展 / 第 4 章 / 橡皮擦工具的其他功能"）。

4.4.2 课堂实训——使用"背景橡皮擦工具"制作透明背景图像

与"橡皮擦工具" ✐ 不同的是，"背景橡皮擦工具" ✺ 通过擦除图像的背景，使图像的背景呈现透明效果，这在图像合成中应用比较多，其选项栏如图 4-55 所示。

图 4-55 "背景橡皮擦工具"选项栏

打开"素材"/"飞翔的鸟 .jpg""云海 .jpg""飞翔的老鹰 .jpg"素材文件，下面先使用"背景橡皮擦工具" ✺ 擦除飞鸟图像和老鹰图像的背景，使其成为透明背景的图像，再将其与云海图像进行合成。

【操作步骤】

（1）激活"背景橡皮擦工具" ✺，选择合适的画笔大小，并在选项栏中激活"取样：一次" ✐ 按钮，将"限制"设置为"连续"，"容差"设置为 10%，首先沿飞鸟图像的边缘按住鼠标左键进行拖动，将蓝色背景擦除，使其呈现透明效果，如图 4-56 所示。

（2）将画笔大小调大，继续在飞鸟图像的蓝色背景上按住鼠标左键进行拖动，将所有蓝色背景擦除，使其呈现透明效果，如图 4-57 所示。

图 4-56 擦除飞鸟图像边缘的蓝色背景　　图 4-57 擦除所有蓝色背景

（3）激活"移动工具" ✛，将擦除背景后的飞鸟图像拖到"云海 .jpg"文档中进行图像合成，如图 4-58 所示。

（4）继续使用"背景橡皮擦工具" ✺ 将老鹰图像的背景擦除，使其成为透明背景，并将擦除背景后的老鹰图像也拖到"云海 .jpg"文档中进行图像合成，如图 4-59 所示。

图 4-58 合成飞鸟图像　　　　图 4-59 合成老鹰图像

【知识拓展】

"背景橡皮擦工具" 🖌的其他功能（请参考资料包中的"知识拓展 / 第4章 / 背景橡皮擦工具的其他功能"）。

✏ 小贴士

除"背景橡皮擦工具" 🖌和"橡皮擦工具" 🖌之外，还有"魔术橡皮擦工具" 🖌，该工具操作比较简单，只需在选项栏中设置相关选项，并在图像的背景上单击鼠标左键，即可将背景擦除，使其呈现透明效果，如图4-60所示，并使背景层转换为图层。

图 4-60 "魔术橡皮擦工具"选项栏与擦除背景效果

该工具的操作与"魔术棒工具" 🪄相同，此处不再赘述，读者可以自己尝试操作。

4.4.3 课堂讲解——使用"历史记录画笔工具"恢复图像

使用"历史记录画笔工具" 🖌可以将处理后的图像恢复到处理前的效果，其选项栏如图4-61所示。

图 4-61 "历史记录画笔工具"选项栏

继续4.4.2节的操作，下面使用"历史记录画笔工具" 🖌将擦除背景后的飞鸟图像进行恢复。

【操作步骤】

（1）继续4.4.2节的操作，激活"历史记录画笔工具" 🖌，在其选项栏中选择合适的画笔大小，其他选项保持默认设置，在飞鸟图像的边缘按住鼠标左键进行拖动，将擦除的背景一点点恢复，如图4-62所示。

（2）继续在飞鸟图像的其他背景上按住鼠标左键进行拖动，将擦除的图像背景全部恢复，如图4-63所示。

图 4-62　恢复飞鸟边缘的背景　　　　图 4-63　恢复全部的背景

小贴士

　　在使用"历史记录画笔工具" 恢复图像时，用户可以在其选项栏中选择合适的画笔大小，并设置"不透明度""模式"等选项，其操作非常简单，此处不再赘述。另外，执行"窗口"→"历史记录"命令，打开"历史记录"面板，在该面板中记录了用户处理图像的所有过程，逐一返回可以将图像恢复到任意效果，如图 4-64 所示。

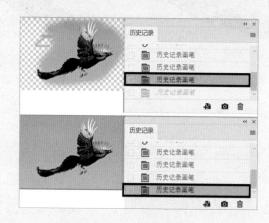

图 4-64　恢复图像效果

【知识拓展】

　　"历史记录艺术画笔工具" 的功能（请参考资料包中的"知识拓展 / 第 4 章 / 历史记录艺术画笔工具的功能"）。

4.5　处理图像的虚实效果

　　本节将介绍处理图像虚实效果的相关工具的使用方法。这些工具包括"模糊工具" 与"锐化工具" 。

4.5.1　课堂实训——使用"模糊工具"制作图像的景深效果

　　图像的景深效果一般是我们在用相机拍摄时通过调节光圈的大小、焦距的长短，以及相机、主体和背景的距离比例来达到主体周围背景的虚化模糊，从而更好地突出主体。使用"模糊工具"◊可以制作出这种景深效果,其选项栏如图 4-65 所示。

图 4-65 "模糊工具"选项栏

打开"素材"/"照片 10.jpg"素材文件,下面使用"模糊工具"◊制作该图像的景深效果,其前后对比如图 4-66 所示。

图 4-66 制作景深效果的前后对比

【操作提示】

(1)激活"对象选择工具"📐,将鼠标指针移到小房子图像上,在小房子周围出现洋红色边框时单击鼠标左键,将小房子图像选中,如图 4-67 所示。

图 4-67 选中小房子图像

(2)首先执行"选择"→"反选"命令反选选区;然后激活"模糊工具"◊,在其选项栏中设置合适的画笔大小,其他选项保持默认设置,在选中的图像上按住鼠标左键进行拖动,将除小房子之外的其他图像进行模糊处理;最后按快捷键"Ctrl+D"取消选区,完成图像景深效果的制作,如图 4-68 所示。

图 4-68 制作景深效果

【知识拓展】

"模糊工具" ◌ 的其他设置（请参考资料包中的"知识拓展 / 第 4 章 / 模糊工具的其他设置"）。

4.5.2　课堂实训——使用"锐化工具"对图像进行清晰化处理

"锐化工具" △ 与"模糊工具" ◌ 的功能恰好相反，该工具通过锐化图像像素，使图像更加清晰，其选项栏如图 4-69 所示。

图 4-69　"锐化工具"选项栏

打开"素材" / "向日葵 .jpg"素材文件，下面使用"锐化工具" △ 对该图像进行清晰化处理，其前后对比如图 4-70 所示。

图 4-70　图像进行清晰化处理的前后对比

【操作提示】

（1）激活"锐化工具" △，在其选项栏中选择合适的画笔大小，将"模式"设置为"变暗"，其他选项保持默认设置。

（2）将鼠标指针移到向日葵图像上按住鼠标左键进行拖动，对向日葵图像进行清晰化处理，如图 4-70 所示。

【知识拓展】

"锐化工具" △ 的其他设置（请参考资料包中的"知识拓展 / 第 4 章 / 锐化工具的其他设置"）。

🔬 综合实训——数码照片美颜

打开"素材" / "照片 11.jpg"素材文件，下面利用所学知识对该照片进行美颜效果处理，详细操作请观看视频讲解。数码照片美颜前后对比如图 4-71 所示。

图 4-71　数码照片美颜前后对比

【操作提示】

（1）将图像 100% 显示，激活"污点修复画笔工具"，在其选项栏中选择合适的画笔大小，将"模式"设置为"正常"，"类型"设置为"内容识别"，修复女孩额头及脸颊位置的乱发，如图 4-72 所示。

（2）激活"修补工具"，在其选项栏中将"修补"设置为"正常"，并激活"源"选项中的"目标"按钮，修复嘴唇上方的黑色痣，如图 4-73 所示。

（3）激活"模糊工具"，在其选项栏中选择合适的画笔大小，将"模式"设置为"变亮"，"强度"设置为 100%，在脸颊及额头位置按住鼠标左键进行拖动，对其进行模糊处理，使皮肤变得光滑，如图 4-74 所示。

图 4-72　修复乱发

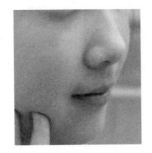

图 4-73　修复黑色痣

图 4-74　模糊人物图像

（4）使用"对象选择工具"将图像的背景选中，执行"滤镜"→"模糊"→"动感模糊"命令，在弹出的"动感模糊"对话框中将"角度"设置为 0 度，"距离"设置为 1000 像素，对图像的背景进行模糊，如图 4-75 所示。

（5）按快捷键"Ctrl+J"复制背景层，即图层 1，并将其图层的混合模式设置为"滤色"，以美白皮肤，如图 4-76 所示。

（6）按快捷键"Ctrl+Shift+Alt+E"盖印图层生成图层 2，激活"加深工具"，在其选项栏中选择合适的画笔大小，将"范围"设置为"阴影"，"曝光度"设置为 50%，在眉毛、眼眶和嘴唇位置按住鼠标左键进行拖动，使这些区域的颜色变暗，从而增强人物图像的立体感，如图 4-77 所示。

图 4-75　模糊图像的背景　　　图 4-76　美白皮肤　　　图 4-77　处理眉毛、眼眶和嘴唇

（7）激活"海绵工具"，在其选项栏中选择合适的画笔大小，将"模式"设置为"加色"，"流量"设置为5%，在嘴唇位置按住鼠标左键进行拖动，提高嘴唇颜色的饱和度，如图4-78所示。

（8）执行"滤镜"→"锐化"→"智能锐化"命令，在弹出的"智能锐化"对话框中将"数量"设置为500%，"半径"设置为6.0像素，"减少杂色"设置为100%，处理照片的清晰度，如图4-79所示，完成照片美颜效果的制作。

图 4-78　提高嘴唇颜色的饱和度　　　图 4-79　处理照片的清晰度

详细操作步骤见配套教学资源中的视频讲解。

表4-1所示为数码照片美颜的练习评价表。

表 4-1　数码照片美颜的练习评价表

练习项目	检查点	完成情况	出现的问题及解决措施
数码照片美颜	"污点修复画笔工具""修补工具"	□完成　□未完成	
	"模糊工具""对象选择工具""加深工具""海绵工具"	□完成　□未完成	

知识巩固与能力拓展

1. 填空题

（1）在使用"修复画笔工具"修复照片时，需要按住（　　）键进行取样。

（2）在使用"海绵工具"时，在其选项栏中将"模式"设置为（　　）可以提高图像颜色的饱和度。

（3）在使用"颜色替换工具" 替换图像颜色时，（　　）颜色影响替换效果。

（4）在使用"橡皮擦工具" 擦除图像的背景后，擦除的区域将使用（　　）颜色填充。

（5）在使用"内容感知移动工具" 处理图像时，选择（　　）模式可以移动并克隆图像。

2．选择题

（1）在使用"仿制图章工具" 修复照片时，需要按住键盘中的（　　）键才能进行取样。

A．"Ctrl"　　　　　　　B．"Alt+Ctrl"　　　　　　C．"Shift+Alt"　　　　　　D．"Alt"

（2）在使用"修补工具" 修补照片时，正确的操作是（　　）。

A．选择"源"模式，选中要修补的区域，按住鼠标左键将其拖到用于修补的区域上释放鼠标左键，对其进行修补

B．选择"源"模式，选中用于修补图像的区域，按住鼠标左键将其拖到要修补的区域上释放鼠标左键，对其进行修补

C．选择"目标"模式，选中要修复的区域，按住鼠标左键将其拖到用于修复的区域上释放鼠标左键，对其进行修补

D．选择"目标"模式，并勾选"透明"复选框，按住鼠标左键将其拖到用于修复的区域上释放鼠标左键，对其进行修补

（3）在使用"污点修复画笔工具" 修复多个图层上的污点时，正确的操作是（　　）。

A．将"类型"设置为"内容识别"

B．将"类型"设置为"创建纹理"

C．将"类型"设置为"近似匹配"

D．勾选"对所有图层取样"复选框

（4）在（　　）的情况下，使用"修复画笔工具" 修复图像需要按住"Alt"键进行取样。

A．将"源"设置为"取样"

B．将"源"设置为"图案"

C．将"模式"设置为"替换"

D．勾选"对齐"复选框

（5）在擦除图像的背景时，（　　）可以使擦除的背景呈现透明效果。

A．"橡皮擦工具" 和"背景橡皮擦工具"

B．"背景橡皮擦工具" 和"魔术橡皮擦工具"

C．"橡皮擦工具" 和"魔术橡皮擦工具"

D．"背景橡皮擦工具" 和"历史记录画笔工具"

3. 操作题——人物面部美白

打开"素材"/"照片 12.jpg"素材文件，根据所学知识，对照片中的人物面部进行美白处理，其前后对比如图 4-80 所示。

图 4-80　人物面部美白的前后对比

操作提示：

（1）使用"污点修复画笔工具" 🖊、"修复画笔工具" 🖊、"修补工具" 🕸等修复面部瑕疵。

（2）打开"通道"面板，分别进入红色通道、绿色通道和蓝色通道，使用"模糊工具" 🌢对面部除五官、头发之外的其他裸露皮肤进行模糊处理，使其皮肤变得更光滑。

（3）使用"海绵工具" 🎯提高嘴唇和脸颊颜色的饱和度，使用"加深工具" 👁加深眉毛和头发的颜色，按快捷键"Ctrl+J"复制背景层，即图层 1，将其图层的混合模式设置为"滤色"，使皮肤变得更白。

（4）盖印图层，执行"滤镜"→"锐化"→"智能锐化"命令进行清晰化处理，执行"图像"→"调整"→"亮度 / 对比度"命令调整对比度，完成照片效果的处理。

工作任务分析

本章的主要任务是掌握图像的色彩调整技能，具体内容包括图像颜色模式与颜色调整方法，以及调整图像的层次对比度、调整图像的色彩饱和度、调整图像的特殊颜色等相关知识。

知识学习目标

- 了解图像颜色模式及其转换方法。
- 掌握调整图像层次对比度的方法。
- 掌握调整图像色彩饱和度的方法。
- 掌握调整图像特殊颜色的方法。

技能实践目标

- 能够熟练调整图像的层次对比度。
- 能够熟练调整图像的色彩饱和度。
- 能够调整图像的特殊颜色效果。

5.1　图像颜色模式与颜色调整方法

本节将介绍 Photoshop 中图像颜色模式的类型，以及调整图像颜色的相关方法。

5.1.1　课堂讲解——了解 Photoshop 支持的颜色模式

颜色模式是将某种颜色表现为数字形式的模型，是一种记录图像颜色的方式。Photoshop 支持多种颜色模式，具体包括 RGB 颜色模式、CMYK 颜色模式、HSB 颜色模式、Lab 颜色模式、位图模式、灰度模式、索引颜色模式、双色调模式和多通道模式。下面对前 3 种颜色模式进行具体介绍。

1. RGB 颜色模式

RGB 代表红色（Red）、绿色（Green）、蓝色（Blue）3 种颜色。这 3 种颜色通过颜色频率的不同强度组合，可以得到自然界中所有的颜色，因此这 3 种颜色也被称为三原色。在数字视频中，对 RGB 三基色各进行 8 位编码就构成了大约 1677 万种颜色，这就是人们常说的真彩色。

2．CMYK 颜色模式

CMYK 颜色模式是一种印刷模式。这 4 个字母分别指青色（Cyan）、洋红（Magenta）、黄色（Yellow）、黑色（Black），在印刷中代表 4 种颜色的油墨，即光线照到有不同比例 C、M、Y、K 油墨的纸上，部分光谱被吸收后，反射到人眼中的光所产生的颜色。

3．HSB 颜色模式

根据颜色给人的心理感受，将颜色分为 3 个要素，即色泽（Hue）、饱和度（Saturation）和亮度（Brightness）。HSB 颜色模式便是基于人对颜色的心理感受的一种颜色模式。它是由 RGB 三基色转换为 Lab 颜色模式，并在 Lab 颜色模式的基础上考虑了人对颜色的心理感受这一因素转换而成的。因此，HSB 颜色模式比较符合人的视觉感受，让人觉得更加直观。

Photoshop 作为一款功能强大的图像处理软件，支持多种颜色模式的图像。

【知识拓展】

其他颜色模式（请参考资料包中的"知识拓展 / 第 5 章 / 其他颜色模式"）。

5.1.2 课堂讲解——转换图像颜色模式的方法

在调整 Photoshop 图像颜色的过程中，不同颜色模式的图像需要采用不同的颜色调整命令进行颜色调整。因此，图像颜色模式转换就显得尤为重要，在"图像"→"模式"子菜单下有一组命令，可以对图像进行颜色模式转换，如图 5-1 所示。

【操作步骤】

（1）打开"素材"/"风景 08.jpg"素材文件，在文档的标题栏中显示该图像是一幅 RGB 颜色模式的图像，如图 5-2 所示。

图 5-1　颜色模式转换菜单　　　　图 5-2　RGB 颜色模式的图像

（2）执行"图像"→"模式"→"灰度"命令，此时弹出信息框，询问是否要扔掉图像的颜色信息，如图 5-3 所示。

（3）单击"扔掉"按钮，将图像的颜色信息丢弃，图像转换为灰度模式，显示黑白效果，如图 5-4 所示。

图 5-3 信息框

图 5-4 图像转换为灰度模式

（4）继续执行其他命令，将图像转换为其他颜色模式。

📋 小贴士

只有在图像颜色模式为灰度模式的情况下，才能将图像转换为位图模式。另外，不同颜色模式的图像，其颜色通道数是不同的。例如，RGB 颜色模式的图像有 1 个 RGB 颜色通道和红、绿和蓝 3 个单色通道；而 CMYK 颜色模式的图像则有 1 个 CMYK 颜色通道和青色、洋红、黄色和黑色 4 个单色通道，如图 5-5 所示。

图 5-5 RGB 颜色模式和 CMYK 颜色模式的通道

5.1.3 课堂讲解——调整图像颜色的基本方法

颜色是有互补性的，如图 5-6 所示，位于色相环直径两端的两种颜色互为互补色，即红色和青色互为互补色、蓝色和黄色互为互补色、绿色和洋红互为互补色。

调整图像颜色，无非就是"输入"和"输出"某种颜色，所谓"输入"就是增加，"输出"就是减少，增加某种颜色，其补色就会减少；相反，减少某种颜色，其补色就会增加。

打开"素材"/"风景 08.jpg"素材文件，如图 5-7 所示。

图 5-6 互补色

图 5-7 打开"风景 08.jpg"素材文件

执行"图像"→"调整"→"色彩平衡"命令，在弹出的"色彩平衡"对话框中拖动滑块增加红色，其补色（青色）就会减少，从而使图像呈现暖色调偏红色，如图 5-8 所示。

图 5-8　增加红色

继续拖动滑块增加青色，其补色（红色）就会减少，从而使图像呈现冷色调偏青色，如图 5-9 所示。

图 5-9　增加青色

除此之外，调整图像的亮度级别也是通过"输入"或"输出"某种颜色来完成的。执行"图像"→"调整"→"色阶"命令在弹出的"色阶"对话框中通过"输入"或"输出"暗色、亮色就可以调整图像的亮度级别。例如，在直方图中向右拖动黑色滑块以"输入"暗色，使图像的亮度级别降低，如图 5-10 所示。

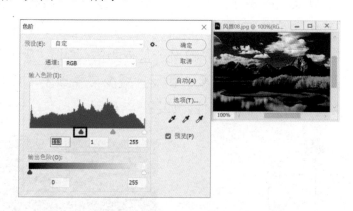

图 5-10　降低图像的亮度级别

继续在直方图中向左拖动白色滑块以"输入"亮色，使图像的亮度级别提高，如图 5-11 所示。

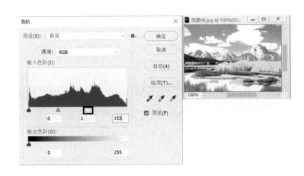

图 5-11　提高图像的亮度级别

 小贴士

直方图是一种二维统计图表，其横向坐标代表了色彩亮度级别，而纵向坐标则代表了各亮度级别下色彩的像素含量。许多图像颜色调整命令中都会有直方图，用以显示图像的色彩亮度级别，供用户调整图像颜色亮度级别时参考。

5.2　调整图像的层次对比度

图像的层次对比度是指图像各颜色之间的差异，包括颜色的明度对比和色调对比。通过调整图像的层次对比度，可以增强图像的层次感，从而得到品质较好的图像效果。

5.2.1　课堂实训——使用"亮度/对比度"命令提高图像的亮度与对比度

使用"亮度/对比度"命令可以对图像的色调范围进行简单调整，其"亮度"的取值范围为 -150 ～ 150，而"亮度"的取值范围为 -50 ～ 100。

打开"素材"/"照片 09.jpg"素材文件，该图像亮度不足，对比度较弱，图像整体色调较暗，品质不高。下面通过"亮度/对比度"命令调整图像的亮度与对比度，以改善图像的品质。

【操作步骤】

（1）执行"图像"→"调整"→"亮度/对比度"命令，弹出"亮度/对比度"对话框。

（2）将"亮度"设置为 35，"对比度"设置为 80，调整图像的亮度与对比度，如图 5-12 所示。

图 5-12　"亮度/对比度"命令调整效果

（3）单击"确定"按钮，关闭该对话框，完成对图像的调整。

📋 小贴士

单击"自动"按钮，系统会自动校正图像的亮度和对比度，勾选"使用旧版"复选框，则使用旧版本的参数进行调整。在旧版本中，"亮度"和"对比度"的取值范围均为 -100 ~ 100。

5.2.2 课堂实训——使用"色阶"命令提高图像的色彩范围

"色阶"命令是一个非常强大的颜色与色调调整命令，不仅可以对图像的阴影、中间调和高光强度级别进行调整，从而校正图像的色调范围和色彩平衡，还可以对各个通道单独进行调整。

打开"素材"/"风景 01.jpg"素材文件，下面使用"色阶"命令对图像色彩进行调整，使草坪颜色更嫩绿。

【操作步骤】

（1）执行"图像"→"调整"→"色阶"命令，弹出"色阶"对话框。

（2）在"通道"下拉列表中选择"红"选项，并将"输入"设置为 100，其他参数保持默认设置，此时草坪颜色变得更嫩绿，如图 5-13 所示。

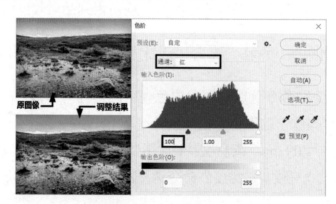

图 5-13 "色阶"命令调整效果

（3）单击"确定"按钮，关闭该对话框，完成对图像的调整。

【知识拓展】

"色阶"命令的其他设置与功能（请参考资料包中的"知识拓展 / 第 5 章 / 色阶命令的其他设置与功能"）。

5.2.3 课堂实训——使用"曲线"命令调整图像的金秋色彩效果

"曲线"命令是功能最强大的图像色彩和亮度调整命令。该命令具有"亮度 / 对比度"、

"阈值"和"色阶"等命令的功能，通过调整曲线的形状，或者选择一种预设，可以快速对图像的色彩和亮度进行精确调整，在实际工作中应用频率较高。

　　打开"素材"/"雪景 02.jpg"素材文件，执行"图像"→"调整"→"曲线"命令，弹出"曲线"对话框，如图 5-14 所示。

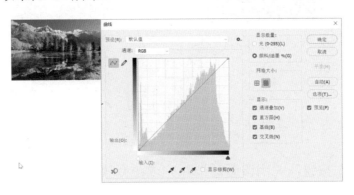

图 5-14　"曲线"对话框

　　下面使用"曲线"命令调整图像的色彩对比度，使其呈现金秋色彩效果，如图 5-15 所示。

图 5-15　使用"曲线"命令调整图像的金秋色彩效果

【操作步骤】

　　（1）在"通道"下拉列表中选择"红"选项，在曲线上单击鼠标左键以添加点，并向右下角移动曲线以调整红色通道，如图 5-16 所示。

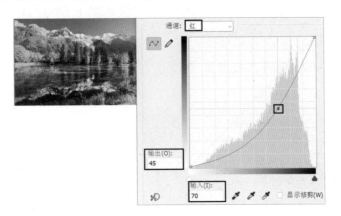

图 5-16　调整红色通道

　　（2）在"通道"下拉列表中选择"蓝"选项，在曲线上单击鼠标左键以添加点，并向左上角移动曲线以调整蓝色通道，从而加强金色的颜色效果，如图 5-17 所示。

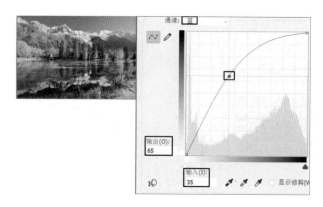

图 5-17　调整蓝色通道

（3）单击"确定"按钮，关闭该对话框，完成图像效果的调整。

【知识拓展】

"曲线"命令的其他设置与功能（请参考资料包中的"知识拓展 / 第 5 章 / 曲线命令的其他设置与功能"）。

5.2.4　课堂实训——使用"曝光度"命令调整图像的曝光效果

"曝光度"命令可以用来调整 HDR 图像的曝光效果，也可以用来调整曝光不足的图像的曝光度。打开"素材"/"海边风景 .jpg"素材文件，下面通过"曝光度"命令调整该图像的曝光度，改善图像的品质。

【操作步骤】

（1）执行"图像"→"调整"→"曝光度"命令，弹出"曝光度"对话框。

（2）按住鼠标左键向右拖动"曝光度"滑块，将其参数设置为 +0.5，以提高图像的曝光度。

（3）按住鼠标左键向左拖动"位移"滑块，将其参数设置为 -0.15，以降低阴影和中间调颜色的曝光度，从而提高图像的对比度。

（4）按住鼠标左键向左拖动"灰度系数校正"滑块，将其参数设置为 1.30，以校正图像的灰度系数，效果如图 5-18 所示。

图 5-18　"曝光度"命令调整效果

（5）单击"确定"按钮，关闭该对话框，完成对图像的调整。

5.2.5　课堂实训——使用"阴影 / 高光"命令调整图像的鲜艳颜色效果

使用"阴影 / 高光"命令可以基于阴影或高光中的局部相邻像素来校正每一个像素。打开"素材" / "番茄 .jpg"素材文件，番茄颜色有些暗淡，下面通过"阴影 / 高光"命令调整该图像的阴影与高光，使番茄呈现鲜艳的颜色效果。

【操作步骤】

（1）执行"图像"→"调整"→"阴影 / 高光"命令，在弹出的"阴影 / 高光"对话框中勾选"显示更多选项"复选框，以显示更多设置。

（2）首先在"阴影"选区中设置"数量"、"色调"和"半径"的参数值，以调整图像阴影的颜色与层次；然后在"高光"选区中设置"数量"、"色调"和"半径"的参数值，以调整图像高光的颜色与层次；最后在"调整"选区中设置"颜色"和"中间调"的参数值，对图像色彩进行调整，完成图像阴影和高光的调整，效果如图 5-19 所示。

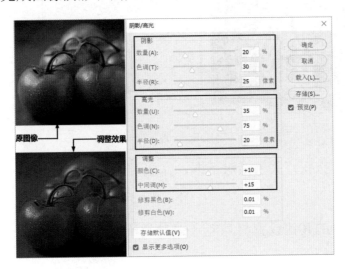

图 5-19　"阴影 / 高光"命令调整效果

（3）单击"确定"按钮，关闭该对话框，完成对图像的调整。

5.2.6　课堂实训——使用"HDR 色调"命令将图像调整为 HDR 图像

HDR 图像是一种可以提供更多动态范围和图像细节的图像，可以根据不同的曝光时间的 LDR（Low-Dynamic Range）图像，利用每个曝光时间相对应最佳细节的 LDR 图像来合成最终 HDR 图像，能够更好地反映出真实环境中的视觉效果。

打开"素材" / "照片 10.jpg"素材文件，下面通过"HDR"命令调将该图像调整为 HDR 图像。

109

【操作步骤】

（1）执行"图像"→"调整"→"HDR 色调"命令，弹出"HDR 色调"对话框。

（2）首先在"边缘光"选区中将"半径"设置为 50 像素，"强度"设置为 1.90，以调整图像的边缘光效果；然后在"色调和细节"选区中将"灰度系数"设置为 1.50，"曝光度"设置为 -0.60，"细节"设置为 +125%，以调整图像的色调细节；最后在"高级"选区中将"阴影"设置为 +100%，"高光"设置为 +100%，"自然饱和度"设置为 -19%，"饱和度"设置为 +56%，以调整图像的阴影、高光和饱和度等，效果如图 5-20 所示。

图 5-20 "HDR 色调"命令调整效果

（3）单击"确定"按钮，关闭该对话框，完成对图像的调整。

【知识拓展】

"HDR 色调"命令的其他设置与功能（请参考资料包中的"知识拓展 / 第 5 章 /HDR 色调命令的其他设置与功能"）。

5.3 调整图像的色彩饱和度

除图像的层次对比度之外，图像的色彩饱和度也是图像处理的重要内容。通过调整图像的色彩饱和度，可以使图像色彩更亮丽，品质更高。

5.3.1 课堂实训——使用"自然饱和度"命令调整图像的色彩饱和度

"自然饱和度"命令通过设置"自然饱和度"和"饱和度"两个参数值，可以快速调整图像的色彩饱和度，提高图像的品质。使用该命令调整图像的色彩饱和度，可以防止图像出现溢色现象，尤其是调整"自然饱和度"参数值，不会生成饱和度过高或过低的颜色，这对于调整人像非常有用。

打开"素材"/"照片 06.jpg"素材文件，下面使用"自然饱和度"命令快速调整图像的色彩饱和度，以提高图像的品质。

【操作步骤】

（1）执行"图像"→"调整"→"自然饱和度"命令，弹出"自然饱和度"对话框。

（2）首先将"自然饱和度"设置为 +100，以提高图像的自然饱和度；然后将"饱和度"设置为 +10，以提高图像整体颜色的饱和度，效果如图 5-21 所示。

图 5-21　"自然饱和度"命令调整效果

（3）单击"确定"按钮，关闭该对话框，完成对图像的调整。

5.3.2　课堂实训——使用"色相 / 饱和度"命令改变人物图像的肤色

使用"色相 / 饱和度"命令可以调整选区内或整个图像的色相与饱和度，也可以对图像的单个颜色进行调整。该命令是图像处理中应用频率较高的色彩调整命令。

打开"素材"/"女士 01.jpg"素材文件，使用"色相 / 饱和度"命令对女士图像进行调整，使其脸色更红润。

【操作步骤】

（1）执行"图像"→"调整"→"色相 / 饱和度"命令，弹出"色相 / 饱和度"对话框。

（2）首先将"色相"设置为 −15，以调整色相；然后将"饱和度"设置为 +20，以提高颜色饱和度；最后将"明度"设置为 −5，以降低颜色明度，效果如图 5-22 所示。

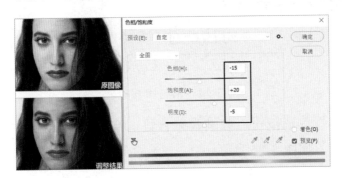

图 5-22　"色相 / 饱和度"命令调整效果

（3）单击"确定"按钮，关闭该对话框，完成对图像的调整。

【知识拓展】

"色相 / 饱和度"命令的其他功能与设置（请参考资料包中的"知识拓展 / 第 5 章 / 色相 / 饱和度命令的其他功能与设置"）。

5.3.3 课堂实训——使用"色彩平衡"命令调整蓝紫色图像效果

"色彩平衡"命令通过调整图像的阴影区、半色调区和高光区各个单色的比例，使图像色彩更协调，从而得到品质更高的图像。

打开"素材" / "雪景 .jpg"素材文件，使用"色彩平衡"命令调整图像的色彩。原图像与调整后的效果对比如图 5-23 所示。

图 5-23 原图像与调整后的效果对比

【操作步骤】

（1）执行"图像"→"调整"→"色彩平衡"命令，弹出"色彩平衡"对话框。

（2）选中"阴影"单选按钮，分别设置青色、洋红和黄色与其补色的比例值，对图像的阴影颜色进行调整，如图 5-24 所示。

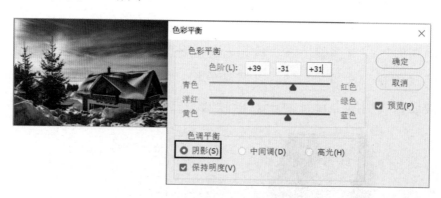

图 5-24 调整阴影颜色

（3）选中"中间调"单选按钮，分别设置青色、洋红和黄色与其补色的比例值，对图像的中间调颜色进行调整，如图 5-25 所示。

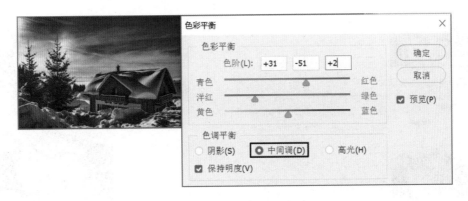

图 5-25　调整中间调颜色

（4）选中"高光"单选按钮，分别设置青色、洋红和黄色与其补色的比例值，对图像的高光颜色进行调整，如图 5-26 所示。

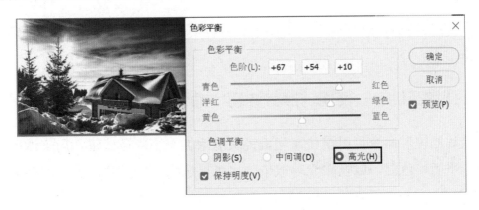

图 5-26　调整高光颜色

（5）单击"确定"按钮，关闭该对话框，完成对图像的调整。

5.3.4　课堂实训——使用"黑白"命令和"去色"命令调整黑白图像效果

"黑白"命令和"去色"命令都可以用来调整黑白图像效果。二者的区别在于，"黑白"命令可以对图像中的黑白亮度进行调整，从而达到黑白图像效果，而"去色"命令则是直接将图像中的色彩去除，使图像保持原有的亮度。

打开"素材"/"人物图像.jpg"素材文件，分别使用"黑白"命令和"去色"命令将图像处理为黑白图像效果。

【操作步骤】

（1）执行"图像"→"调整"→"黑白"命令，弹出"黑白"对话框，采用默认设置，此时图像显示黑白效果，如图 5-27 所示。

（2）执行"图像"→"调整"→"去色"命令，图像直接成为黑白效果，如图 5-28 所示。

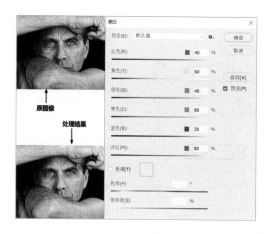

图 5-27　"黑白"命令处理效果

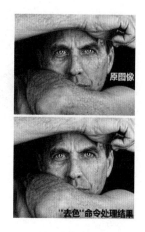

图 5-28　"去色"命令处理效果

【知识拓展】

"黑色"命令的其他设置与操作（请参考资料包中的"知识拓展 / 第 5 章 / 黑色命令的其他设置与操作"）。

5.3.5　课堂实训——使用"照片滤镜"命令制作旧照片效果

使用"照片滤镜"命令可以模仿在相机镜头前增加一个彩色滤镜，用来调整通过镜头传输的光的色彩平衡、色温，以及曝光等效果，也可以选取一种颜色，将色相调整并应用于图像中。

打开"素材" / "云海 .jpg"素材文件，使用"照片滤镜"命令将图像调整为旧照片效果。

【操作步骤】

（1）执行"图像"→"调整"→"照片滤镜"命令，弹出"照片滤镜"对话框，将"密度"设置为 85%，其他选项保持默认设置，对图像颜色进行调整，效果如图 5-29 所示。

图 5-29　"照片滤镜"命令调整效果

（2）单击"确定"按钮，关闭该对话框，完成对图像的调整。

【知识拓展】

"照片滤镜"命令的其他功能（请参考资料包中的"知识拓展 / 第 5 章 / 照片滤镜命令的其他功能"）。

5.3.6 课堂实训——使用"通道混合器"命令创建不同色彩的图像效果

使用"通道混合器"命令可以对图像的某个通道进行调整，以创建各种不同色调的图像及高品质的灰度图像。

打开"素材"/"风景03.jpg"素材文件，使用"通道混合器"命令调整该图像各通道的颜色，以创建图像的不同颜色效果。

【操作步骤】

（1）执行"图像"→"调整"→"通道混合器"命令,弹出"通道混合器"对话框,在"输出通道"下拉列表中选择"红"选项,调整红色通道中"红色"、"绿色"和"蓝色"的参数值,将图像颜色调整出红霞满天的效果，如图5-30所示。

图 5-30 调整红色通道 ①

（2）在"输出通道"下拉列表中选择"绿"选项，调整绿色通道中"红色"、"绿色"和"蓝色"的参数值，将图像颜色调整出晚霞满天的效果，如图5-31所示。

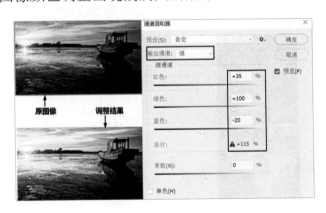

图 5-31 调整绿色通道

（3）在"输出通道"下拉列表中选择"蓝"选项，调整蓝色通道中"红色"、"绿色"和"蓝色"的参数值，再次将图像颜色调整出另一种霞光满天的效果，如图5-32所示。

---

① 图中"通道混和器"的正确写法为"通道混合器"，下同。

图 5-32　调整蓝色通道

【知识拓展】

"通道混合器"命令的其他功能（请参考资料包中的"知识拓展 / 第 5 章 / 通道混合器命令的其他功能"）。

5.3.7　课堂实训——使用"可选颜色"命令将黄色花朵调整为白色花朵

使用"可选颜色"命令可以在图像的每个主要原色成分中更改印刷色的数量，而不会影响其他颜色。

打开"素材"/"向日葵 .jpg"素材文件，使用"可选颜色"命令将黄色花朵调整为白色花朵。

【操作步骤】

（1）执行"图像"→"调整"→"可选颜色"命令，弹出"可选颜色"对话框。

（2）在"颜色"下拉列表中选择"黄色"选项，将"青色"、"洋红"和"黄色"均设置为 -100%，此时向日葵花朵的颜色从黄色变成白色，效果如图 5-33 所示。

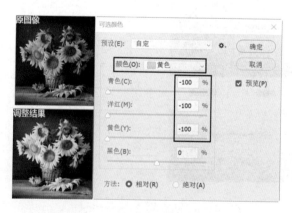

图 5-33　"可选颜色"命令调整效果

 小贴士

用户可以在"颜色"下拉列表中选择图像中要调整的颜色，并调整"青色"、"洋红"和"黄色"的参数值，而"黑色"参数值则用来设置颜色的浓淡，其值越小，颜色越淡，反之颜色越浓。另外，"方法"选项用来设置墨水的量，选中"相对"单选按钮，可以按照调整后总量的百分比来更改青色、洋红、黄色和黑色的量，由于该设置不包含颜色成分，因此不能调整纯色白光；选中"绝对"单选按钮，可以采用绝对值调整颜色。

5.3.8　课堂实训——使用"匹配颜色"命令创建相同色调的图像

使用"匹配颜色"命令可以将两幅图像更改为相同色调的图像，即将一幅目标图像的颜色与另一幅源图像的颜色进行匹配，使两个图像的颜色看上去一致。

打开"素材"/"图片 09.jpg"和"海景 .jpg"素材文件，使用"匹配颜色"命令将"海景 .jpg"文档中图像的颜色匹配给"图片 09.jpg"文档中的图像，使"图片 09.jpg"文档中图像的颜色看上去与"海景 .jpg"文档中图像的颜色一致。

【操作步骤】

（1）打开"素材"/"图片 09.jpg"和"海景 .jpg"素材文件，如图 5-34 所示。

（2）在"图片 09.jpg"文档中，执行"图像"→"调整"→"匹配颜色"命令，弹出"匹配颜色"对话框，在"图像统计"选区的"源"下拉列表中选择"海景 .jpg"选项，其他选项保持默认设置，即可将"海景 .jpg"文档中图像颜色匹配给"图片 09.jpg"文档中的图像，效果如图 5-35 所示。

图 5-34　打开"图片 09.jpg 和海景 .jpg"素材文件

图 5-35　"匹配颜色"命令调整效果

【知识拓展】

"匹配颜色"命令的其他功能（请参考资料包中的"知识拓展 / 第 5 章 / 匹配颜色命令的其他功能"）。

5.3.9　课堂实训——使用"替换颜色"命令替换花朵颜色

"替换颜色"命令通过调整色相、饱和度和明度将图像中选定的颜色替换为其他颜色。

打开"素材"/"花卉静物.jpg"素材文件，使用"替换颜色"命令将紫色花朵替换为红色花朵。

【操作步骤】

（1）执行"图像"→"调整"→"替换颜色"命令，弹出"替换颜色"对话框，激活"吸管工具" ，在图像的紫色花朵上单击鼠标左键进行取样，如图 5-36 所示。

（2）在"替换颜色"对话框中将"色相"设置为 +40，"饱和度"设置为 +100，"明度"设置为 +15，即可将紫色花朵调整为红色花朵，如图 5-37 所示。

图 5-36　取样

图 5-37　将紫色花朵调整为红色花朵

（3）单击"确定"按钮，关闭该对话框，再次执行"替换颜色"命令，使用相同的方法，将黄色花朵调整为红色花朵，如图 5-38 所示。

（4）单击"确定"按钮，关闭该对话框，完成花朵颜色的替换。原图像花朵颜色与替换后的花朵颜色如图 5-39 所示。

图 5-38　将黄色花朵调整为红色花朵

图 5-39　原图像花朵颜色与替换后的花朵颜色

小贴士

颜色容差：决定了选取颜色范围的大小，且值越大，选取的范围越大。

结果：显示调整后的结果颜色。

选区：在"替换颜色"对话框的预览图中将显示采样颜色的范围，白色表示替换的颜色范围，黑色表示不替换的颜色范围。用户可以通过调整"颜色容差"来确定替换颜色范围的大小。如果选中"图像"单选按钮，则在预览图中显示原图像。

另外，激活"添加到取样工具" 🖋，在图像中需要增加颜色的区域上单击鼠标左键，以增加颜色范围。如果想减去颜色范围，则激活"从取样中减去工具" 🖋，在图像中不需要调整颜色的区域上单击鼠标左键，以减去颜色范围。

5.3.10　课堂讲解——使用"色调均化"命令均匀呈现图像中所有范围的亮度值

"色调均化"命令通过重新分布图像中像素的亮度值，使图像中最亮的值变为白色，最暗的值变为黑色，而中间值则被分布在图像的整个灰度范围内，以均匀呈现图像中所有范围的亮度值。该命令没有对话框和参数设置。

打开"素材"/"风景03.jpg"素材文件，执行"图像"→"调整"→"色调均化"命令，即可对图像进行色调均化调整，效果如图5-40所示。

图5-40　"色调均化"命令调整效果

5.4　调整图像的特殊颜色

除了调整图像的层次对比度及色彩饱和度，用户还可以调整图像的特殊颜色效果。本节将介绍调整图像的特殊颜色的相关知识。

5.4.1　课堂实训——使用"阈值"命令制作黑白人像效果

"阈值"命令通过设置"阈值色阶"的参数值来指定某个色阶作为阈值，将所有比阈值亮的像素转换为白色，所有比阈值暗的像素转换为黑色，从而将图像调整为黑白色的图像，其取值范围为 1 ～ 255。

打开"素材"/"人物图像 .jpg"素材文件，使用"阈值"命令制作黑白人像效果。

【操作步骤】

（1）执行"图像"→"调整"→"阈值"命令，弹出"阈值"对话框。

（2）采用默认设置，此时人物图像变为黑白人像，效果如图 5-41 所示。

图 5-41 "阈值"命令调整效果

5.4.2 课堂实训——使用"反相"命令制作负片图像效果

使用"反相"命令可以将图像中的某种颜色转换为它的补色，从而创建负片图像效果。该命令没有对话框和参数设置。

下面使用"反相"命令制作负片图像效果。

【操作步骤】

（1）打开"素材"/"风景 06.jpg"素材文件。

（2）执行"图像"→"调整"→"反相"命令，将图像调整为负片图像，效果如图 5-42 所示。

图 5-42 "反相"命令调整效果

5.4.3 课堂实训——使用"色调分离"命令制作套色版画的人像效果

使用"色调分离"命令可以指定图像中每一个通道的色调级别或亮度值，并将像素映射到最接近的匹配级别（色阶级别越大分离效果越精细，反之分离效果越粗略），类似于矢量图的色块或版画效果。

打开"素材"/"女士 02.jpg"素材文件,使用"色调分离"命令制作套色版画的人像效果。

【操作步骤】

(1)执行"图像"→"调整"→"色调分离"命令,弹出"色调分离"对话框。

(2)将"色阶"设置为 2,调整出套色版画的人像效果,如图 5-43 所示。

图 5-43 "色调分离"命令调整效果

5.4.4 课堂实训——使用"渐变映射"命令制作高品质的黑白色图像

使用"渐变映射"命令可以将渐变色映射到图像上。在映射过程中,先将图像转换为灰度模式的图像,再将相等的图像灰度范围映射到指定的渐变色进行填充。

打开"素材"/"雪景 .jpg"素材文件,使用"渐变映射"命令制作该图像的高品质的黑白色图像。

【操作提示】

(1)执行"图像"→"调整"→"渐变映射"命令,弹出"渐变映射"对话框,单击渐变色颜色条右侧的下拉按钮,在弹出的下拉列表中展开"基础"选项,并单击"黑、白色渐变色"按钮,如图 5-44 所示。

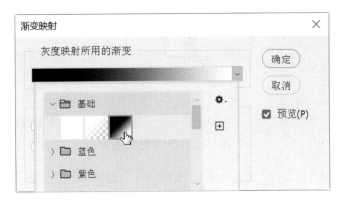

图 5-44 单击"黑、白色渐变色"按钮

(2)此时,将该黑、白色渐变色应用到图像上,使图像呈现高品质的黑白色图像效果,如图 5-45 所示。

图 5-45　"渐变映射"命令调整效果

【知识拓展】

"渐变映射"命令的其他设置（请参考资料包中的"知识拓展 / 第 5 章 / 渐变映射命令的其他设置"）。

综合实训——"放飞梦想"平面广告设计

下面运用本章所学知识，为某市风筝节制作"放飞梦想"的平面广告，以便读者对本章所学知识进行综合练习。

【操作提示】

（1）新建 A3 图纸文件，将前景色设置为洋红（R：253、G：188、B：243），背景色设置为深洋红（R：255、G：0、B：255），激活"渐变工具" ，在"渐变编辑器"对话框中展开"基础"选项，单击"前景色到背景色"按钮，将"渐变类型"设置为"线性"，使用该渐变色填充背景，如图 5-46 所示。

图 5-46　使用渐变色填充背景

（2）首先打开"素材"/"天空 .jpg"素材文件，将其拖到新建图像上方的位置并调整大小；然后使用"色相 / 饱和度"命令调整天空图像的颜色，使其与填充的背景颜色相似，如图 5-47 所示。

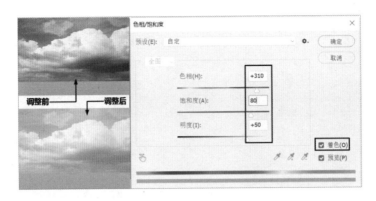

图 5-47　调整图像颜色

（3）按快捷键"Ctrl+Shift+Alt+E"盖印图层，生成图层 2，打开"通道"面板，新建 Alpha 1 通道，并执行"滤镜"→"杂色"→"添加杂色"命令添加杂色，执行"滤镜"→"像素化"→"晶格化"命令创建晶格，执行"滤镜"→"模糊"→"径向模糊"命令，以"缩放"模糊方法进行模糊，如图 5-48 所示。

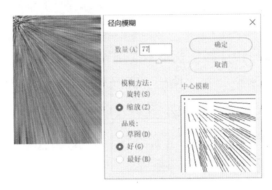

图 5-48　滤镜处理

（4）执行"图像"→"调整"→"阈值"命令，在弹出的"阈值"对话框中采用默认设置，效果如图 5-49 所示。

图 5-49　"阈值"命令调整效果

（5）在按住"Ctrl"键的同时，单击 Alpha 1 通道载入其选区。返回 RGB 通道，首先新建图层 3 并填充白色，然后将图层 3 与图层 2 合并，最后执行"滤镜"→"渲染"→"镜头光晕"命令，在图像左上角添加光源，选中"105 毫米聚焦"单选按钮并设置"亮度"参数值，制作镜头光晕效果，如图 5-50 所示。

图 5-50　镜头光晕效果

（6）打开"素材"/"照片 01.jpg"素材文件，首先使用"对象选择工具" ▣ 将人物图像选中，并将其移到新建的图像文档中；然后按快捷键"Ctrl+T"为新图层添加自由变换框，将其调整为合适大小并水平翻转；最后将其移到图像右下方的位置。

（7）执行"图像"→"调整"→"阴影／高光"命令调整人物图像的阴影和高光，将其图层的混合模式设置为"线性光"，效果如图 5-51 所示。

图 5-51　"阴影／高光"命令调整效果与"线性光"混合模式

（8）打开"素材"/"风筝 .psd""风筝 01.psd""放飞梦想 .psd"素材文件，将其移到新建的图像文档中，为文字添加"描边"的文字样式，如图 5-52 所示。

（9）使用文字工具输入其他相关文字，如图 5-53 所示，完成平面广告的制作。

图 5-52 添加素材

图 5-53 输入其他相关文字

详细操作步骤见配套教学资源中的视频讲解。

表 5-1 所示为"放飞梦想"平面广告设计的练习评价表。

表 5-1 "放飞梦想"平面广告设计的练习评价表

练习项目	检查点	完成情况	出现的问题及解决措施
"放飞梦想"平面广告设计	"色相 / 饱和度"命令、"阈值"命令、"阴影 / 高光"命令	□完成　□未完成	
	"添加杂色"命令、"径向模糊"命令	□完成　□未完成	

知识巩固与能力拓展

1. 填空题

（1）在使用"色相 / 饱和度"命令将一幅彩色图像调整为一幅单色彩色图像时，需要勾选（　　）复选框。

（2）对于一幅 RGB 颜色模式的灰色图像，除了使用"色相 / 饱和度"命令将其调整为单色彩色图像，还可以使用（　　）命令将其调整为单色彩色图像。

（3）在"色阶"对话框中，"输入色阶"的暗色值越大,图像颜色（　　）,图像对比度越高。

2. 选择题

（1）使用"灰度"命令将图像转换为灰度模式后，则表示（　　）。

A. 降低了该图像的颜色饱和度，使图像成为灰色

B. 丢弃了图像颜色信息，使图像成为灰色

C. 既降低了颜色饱和度，又丢弃了颜色信息，使图像成为灰色

D．可以制作黑白色图像效果

（2）在 Photoshop 中，用于调整图像亮度与对比度的命令有（　　）。

A．"亮度 / 对比度""色彩平衡""色相 / 饱和度""自动对比度"

B．"亮度 / 对比度""色阶""曲线""曝光度"

C．"亮度 / 对比度""色彩平衡""自动色阶""自动对比度"

D．"亮度 / 对比度""自动对比度""曝光度""曲线"

（3）"通道混合器"命令通过对某一通道中的 3 种颜色进行混合，以达到校正图像颜色的目的，这 3 种颜色是（　　）。

A．青色、洋红、蓝色

B．红色、绿色、黄色

C．红色、绿色、蓝色、

3．操作题——将红樱珠颜色调整为蓝莓颜色

打开"素材" / "樱珠 .jpg"素材文件，根据所学知识，使用"通道混合器"命令将红樱珠颜色调整为蓝莓颜色，如图 5-54 所示。

图 5-54　将红樱珠颜色调整为蓝莓颜色

操作提示：

（1）执行"图像"→"调整"→"通道混合器"命令，在弹出的"通道混合器"对话框中将"输出通道"设置为"红"，在"源通道"选区中将"红色"设置为 0%，"绿色"设置为 90%，其他选项保持默认设置，将红樱珠颜色调整为蓝莓颜色。

（2）执行"图像"→"调整"→"亮度 / 对比度"命令，在弹出的"亮度 / 对比度"对话框中将"亮度"设置为 30，"对比度"设置为 75，调整亮度与对比度，完成蓝莓颜色的调整。

本章的主要任务是掌握 Photoshop 中颜色与绘图的相关知识，具体内容包括颜色的基础知识，以及关于前景色与背景色、设置前景色与背景色、填充颜色、绘图与描边等相关知识。

知识学习目标

- 了解颜色的基础知识。
- 掌握前景色与背景色的设置方法。
- 掌握使用前景色与背景色进行填充、绘图和描边的方法。

技能实践目标

- 能够使用多种方法设置前景色与背景色。
- 能够使用前景色和背景色进行填充、绘图和描边。

6.1 颜色的基础知识

颜色是光从物体上反射到人的眼睛中的一种视觉效应，人们将物质产生不同色彩的物理特性称之为颜色。本节将介绍颜色的基础知识。

6.1.1 课堂讲解——认识三原色

在可见光谱中，红色（R）、绿色（G）和蓝色（B）被称为三原色，即 RGB 颜色，如果将三原色的光谱以最大的强度进行混合时，就会形成白色的色光。由于各种色光混合后的结果会比原来单独的色光还亮，因此这种色光混合也被称为加色混合，如图 6-1 所示。

除此之外，还有一种颜色被称为减色原色。例如，打印机使用的颜料色和绘画使用的颜色，分别为青色（C）、洋红（M）、黄色（Y）和黑色（K），即 CMYK 颜色。当按照不同的组合将这些颜料进行混合时，也可以创建一个色谱，只是生成的颜色都是原色的不纯版本，因此将其称为减色混合，如图 6-2 所示。例如，橙色是通过将洋红和黄色进行减色混合生成的。

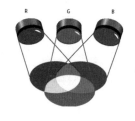
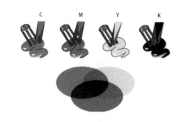

图 6-1　加色混合　　　　　　　图 6-2　减色混合

Photoshop 系统使用 RGB 颜色模式来描述 RGB 颜色模型的图像，将所有可见的颜色以各色光不同的强度分为 0 ～ 255 个色阶。当 RGB 颜色的值都为 0 时，是完全的黑色；当 RGB 颜色的值都为 255 时，是完全的白色，当 RGB 颜色的值均为除 0 和 255 以外的数值时，就会产生新的颜色。其他所有颜色都是通过 R（红色）、G（绿色）和 B（蓝色）3 种颜色的不同量的混合而产生的，颜色量不同，产生的颜色也不同，以此可获得 1670 多万种颜色。

6.1.2　课堂讲解——颜色三要素

颜色三要素也被称为颜色三属性。了解颜色三要素，有助于正确认识颜色，了解各颜色之间的关系，从而调配出更漂亮的颜色。

颜色三要素是指色相、纯度和色调。

1．色相

色相是指颜色的相貌。在可见光谱中，人的眼睛能感受到各种各样的颜色（例如，红、橙、黄、绿、蓝、紫等不同特征的颜色），当人们称呼某一种颜色的名称时，就会联想到这种颜色留给人们的印象，也就是该颜色的相貌。

2．纯度

纯度是指颜色的鲜浊程度，也就是人们常说的颜色饱和度。在可见光谱中，颜色的鲜浊程度取决于该颜色的波长程度，高饱和度的颜色波长，低饱和度的颜色波短。

3．色调

色调也被称为明度，是指颜色的明亮度。在无彩色中，明度最高的颜色为白色，明度最低的颜色为黑色，这两种颜色之间存在着由亮到暗的灰色系列。而在有彩色中，明度最高的颜色为黄色，明度最低的颜色为紫色。

图 6-3 所示为颜色的色相、纯度和色调比较。

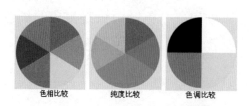

图 6-3　颜色的色相、纯度和色调比较

【知识拓展】

颜色的感情、联想与语言（请参考资料包中的"知识拓展 / 第 6 章 / 颜色的感情、联想与语言"）。

6.1.3　课堂讲解——颜色配色技巧

颜色是平面设计中的主要设计元素之一，掌握正确的配色技巧，可以使我们设计的作品更具有艺术感染力和象征意义。下面是作者根据多年的设计经验，结合颜色属性和其象征意义总结的一些配色技巧，希望能对读者有所帮助。

1. 红色的配色技巧

红色色感温暖，呈暖色调，象征刚烈、冲动、兴奋、激动，容易引起人的注意，是一种对人视觉感官刺激很强的颜色，也是一种容易造成人视觉疲劳的颜色，在运用红色进行设计时，可以将其与其他颜色进行配色，以得到更具象征意义的颜色。

红色与少量的黄色相配，会使其火力更强盛，给人一种躁动、不安的视觉感觉。

红色与少量的蓝色相配，会使其火力减弱，给人一种文雅、柔和的感觉。

红色与少量的黑色相配，会使其性格变得沉稳，给人一种厚重、朴实的感觉。

红色与少量的白色相配，会使其性格变得温柔，给人一种含蓄、羞涩、娇嫩的感觉。

红色与其他各颜色的配色结果如图 6-4 所示。

2. 黄色的配色技巧

黄色是明度最高的一种颜色，也是给人感觉最为娇气的一种颜色，常给人一种冷漠、高傲、敏感的感觉。在运用黄色进行设计时，可以将其与其他颜色进行配色，改变其色感和色性给人的这些印象。

黄色与少量的蓝色相配，会使其转化为一种鲜嫩的绿色，不再使人感到娇气、高傲，反而会给人一种平和、鲜嫩的感觉。

黄色与少量的红色相配，则会呈现一种橙色温暖之感，不再使人感到冷漠、高傲，反而会使人感到热情、温暖。

黄色与少量的黑色相配，会使其转化为暗绿色，给人以成熟、稳重、随和之感。

黄色与少量的白色相配，其色感更为柔和，不再使人感到冷漠、高傲，反而会给人一种含蓄、易于接近的感觉。

黄色与其他各颜色的配色结果如图 6-5 所示。

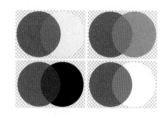 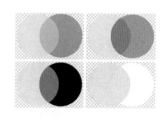

图 6-4　红色与其他各颜色的配色结果　　图 6-5　黄色与其他各颜色的配色结果

【知识拓展】

其他颜色的配色技巧（请参考资料包中的"知识拓展 / 第 6 章 / 其他颜色的配色技巧"）。

6.2　关于前景色与背景色

前景色和背景色是 Photoshop 中两个重要的颜色，也是用户进行图像设计时必不可少的颜色。本节将介绍前景色与背景色的相关知识。

6.2.1　课堂讲解——认识前景色与背景色

在 Photoshop 的工具箱中，有两个重叠在一起的颜色块，放在上面的颜色代表前景色，放在下面的颜色代表背景色。在系统默认的情况下，前景色为黑色（R: 0、G: 0、B: 0），背景色为白色（R: 255、G: 255、B: 255），如图 6-6 所示。

单击 ↰ 按钮，可以将前景色与背景色互换，如图 6-7 所示。

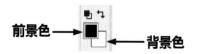 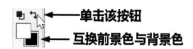

图 6-6　前景色与背景色　　　　图 6-7　互换前景色与背景色

 小贴士

前景色与背景色并不是一成不变的，用户可以根据绘图需要重新调整前景色与背景色，有关调整前景色与背景色的具体操作会在后面章节中进行详细讲解。

6.2.2　课堂讲解——了解前景色与背景色的应用范围和方法

在 Photoshop 中，前景色与背景色的应用范围如下。

在使用"画笔工具" ✐、"铅笔工具" ✐、"颜色替换工具" ✐、"混合器画笔工具" ✐等进行绘画和处理图像时，使用前景色。

在使用各种矢量工具绘制图形时，使用前景色。

在使用"横排文字工具"**T**和"直排文字工具"**IT**输入文字时，文字使用前景色。

在使用"橡皮工具"擦除图像背景后，被擦除的区域使用背景色填充。

在将图像背景剪切或清除后，系统自动使用背景色填充。

在对选区或路径描边时，使用前景色。

图 6-8 所示为前景色与背景色的应用范围。

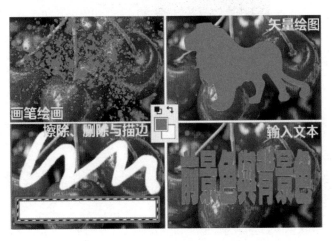

图 6-8　前景色与背景色的应用范围

前景色与背景色的应用方法也比较简单，主要有绘画、填充和描边 3 种，具体操作将在后面章节中进行详细讲解。

6.3　设置前景色与背景色

用户可以在多种面板中设置前景色与背景色，具体包括"拾色器"对话框、"色板"面板和"颜色"面板，也可以使用"吸管工具"从图像中吸取颜色来调配前景色与背景色。本节将介绍设置前景色与背景色的相关知识。

6.3.1　课堂讲解——使用"拾色器"对话框设置前景色与背景色

"拾色器"对话框是一个功能非常强大的颜色调配工具，可以采用多种颜色模式来调配颜色。下面介绍使用"拾色器"对话框调配前景色与背景色的方法。

【操作步骤】

（1）单击工具箱中的前景色颜色块，弹出"拾色器（前景色）"对话框。

（2）首先在中间的色带上单击以设置一种颜色，然后在左侧的颜色区域中单击以拾取颜色，或者在右侧直接输入 R、G、B 的参数值以设置前景色，如图 6-9 所示。

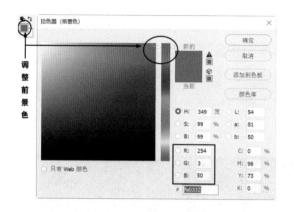

图 6-9　设置前景色

（3）单击"确定"按钮，关闭该对话框，完成前景色的设置。

（4）单击背景色颜色块，使用相同的方法设置背景色。

6.3.2　课堂讲解——使用"色板"面板设置前景色与背景色

"色板"面板不仅可以快速选择系统预设的颜色作为前景色和背景色，还可以将自己满意的颜色保存在该面板中，方便以后使用。

【操作步骤】

（1）执行"窗口"→"色板"命令，打开"色板"面板，选择并展开不同的色板。例如，展开 RGB 色板，单击"色板"中的红色色样，即可设置背景色，如图 6-10 所示。

（2）按住键盘中的"Alt"键，单击 RGB 色板中的绿色色样，即可设置前景色，如图 6-11 所示。

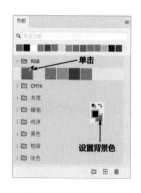

图 6-10　设置背景色　　　　　图 6-11　设置前景色

小贴士

用户可以将自己满意的颜色保存到"色板"面板中，方法为：首先使用"拾色器"对话框设置满意的前景色与背景色，然后打开"色板"面板，单击"色板"面板下的"创建新色板"⊞按钮，在弹出的"色板名称"对话框中为背景色命名并定义为新色板，如图 6-12 所示。

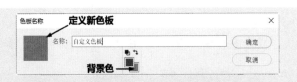

图 6-12 为背景色命名并定义为新色板

单击"确定"按钮，关闭该对话框。此时，定义的色板被保存在"色板"面板中，如图 6-13 所示。

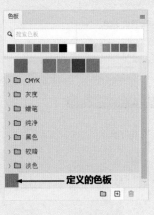

图 6-13 定义的色板

6.3.3 课堂讲解——使用"颜色"面板设置前景色与背景色

"颜色"面板类似于"拾色器"对话框，可以直接拾取一个颜色来设置前景色与背景色。

【操作步骤】

（1）执行"窗口"→"颜色"命令，打开"颜色"面板，其左侧重叠的两个颜色块分别代表前景色颜色块和背景色颜色块，首先单击前景色颜色块将其激活，然后在右侧拾取颜色以设置前景色，如图 6-14 所示。

（2）首先单击背景色颜色块将其激活，然后在右侧拾取颜色以设置背景色，如图 6-15 所示。

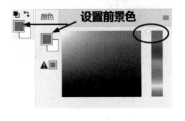

图 6-14 设置前景色

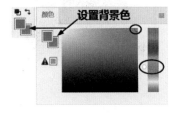

图 6-15 设置背景色

小贴士

在使用"颜色"面板调配颜色时，如果面板中出现 ⚠ 标志，则表示选取的颜色超出了 CMYK 颜色范围（打印颜色范围），单击 ⚠ 标志，其右侧的颜色将代替所选颜色。

另外，在保持默认设置的情况下，"颜色"面板为"色相立方体"模式，在"颜色"面板右上角单

133

击 按钮，在弹出的面板菜单中选择其他模式，如选择"RGB 滑块"模式，则以 RGB 滑块的形式呈现，此时可以拖动 R、G、B 滑块，或者直接输入 R、G、B 的值以调整颜色，如图 6-16 所示。

图 6-16 "RGB 滑块"模式

6.3.4 课堂讲解——使用"吸管工具"设置前景色和背景色

使用"吸管工具" 可以从图像中拾取颜色，以设置前景色与背景色。打开"素材"/"赶海.jpg"素材文件，下面将男孩蓝色羽绒服的颜色设置为前景色，并将女孩咖啡色上衣的颜色设置为背景色。

【操作步骤】

（1）激活工具箱中的"吸管工具" ，在男孩羽绒服衣领位置单击，拾取颜色以设置前景色，如图 6-17 所示。

（2）按住"Alt"键在女孩肩胛位置单击，拾取颜色以设置背景色，如图 6-18 所示。

图 6-17 设置前景色

图 6-18 设置背景色

小贴士

我们除了可以使用"吸管工具" 获取图像颜色，还可以使用"颜色取样器工具" 获取图像颜色的信息。首先激活"颜色取样器工具" ，在图像上单击进行取样，此时打开"信息"面板，显示取样颜色的信息，如图 6-19 所示。另外，在取样时还可以在选项栏中设置取样大小，如图 6-20 所示。

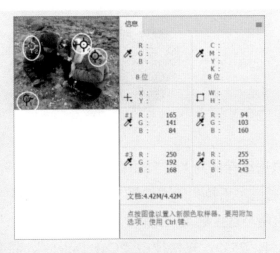

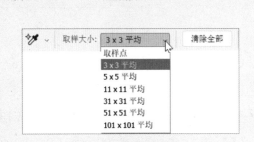

图 6-19　取样颜色的信息　　　　　　　　图 6-20　设置取样大小

例如，"3×3 平均"表示取样的颜色是 3×3 个像素范围的颜色。在图像上只需按住鼠标左键将取样点拖出图像外，即可将其删除。此外，我们也可以单击"清除全部"按钮，清除图像上的所有取样点。

6.4　填充颜色

用户可以将设置的前景色与背景色填充到图像或选区中，其填充方式有三种，分别为快捷键填充、对话框填充，以及填充渐变色。本节将介绍填充颜色的相关知识。

6.4.1　课堂实训——通过填充前景色与背景色创建三色盘

用户可以通过快捷键快速将前景色或背景色填充到图像或选区中。下面通过创建三色盘的案例，介绍填充前景色与背景色的相关知识。

【操作步骤】

（1）首先新建文件并创建圆形选区，然后设置前景色为红色（R:255、G:0、B:0），背景色为绿色（R:0、G:255、B:0）。

（2）按快捷键"Alt+Delete"，将前景色填充到选区中，执行"选择"→"存储选区"命令，将该圆形选区存储为"红"选区，并按向右的方向键，对选区进行移动复制，将其移到合适位置，按快捷键"Ctrl+Delete"，将背景色填充到选区中，如图 6-21 所示。

（3）执行"选择"→"存储选区"命令，将该圆形选区存储为"绿"选区，重新设置前景色为蓝色（R:0、G:0、B:255），按向右和向下的方向键对选区进行移动复制，将其移到合适位置，按快捷键"Alt+Delete"，将前景色填充到选区中，如图 6-22 所示。

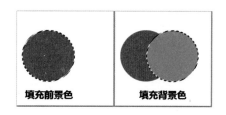
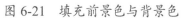

图 6-21　填充前景色与背景色　　　　图 6-22　填充前景色

（4）执行"选择"→"存储选区"命令，将该选区存储为"蓝"选区，执行"选择"→"载入选区"命令，弹出"载入选区"对话框，在"通道"下拉列表中选择"绿"选项，选中"与选区交叉"单选按钮，单击"确定"按钮得到这两个选区的交叉选区，如图 6-23 所示。

（5）将背景色设置为青色（R：0、G：255、B：255），按快捷键"Ctrl+Delete"，将背景色填充到选区中，如图 6-24 所示。

图 6-23　载入选区　　　　　　　图 6-24　填充背景色

（6）载入"红"选区，再以"与选区交叉"的方式载入"蓝"选区得到这两个选区的交叉选区，并向其填充洋红（R：255、G：0、B：255）；载入"红"选区，再以"与选区交叉"的方式载入"绿"选区得到这两个选区的交叉选区，并向其填充黄色（R：255、G：255、B：0）；继续以"与选区交叉"的方式载入"蓝"选区得到三个选区的交叉选区，并向其填充白色（R：255、G：255、B：255），按快捷键"Ctrl+D"取消选区，完成三色盘的制作，如图 6-25 所示。

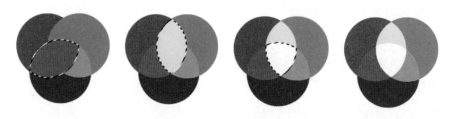

图 6-25　三色盘的制作

6.4.2　课堂实训——使用"油漆桶工具"填充颜色制作双色刻板人物画效果

使用"油漆桶工具" 可以向图像或选区中填充前景色或图案。在"油漆桶工具" 选项栏中,我们可以选择填充内容并进行其他设置,如图 6-26 所示。

图 6-26 "油漆桶工具"选项栏

打开"素材"/"人物图像 01.jpg"素材文件,使用"油漆桶工具" ⬧ 对该人物图像进行处理,制作双色刻板人物画效果。

【操作步骤】

(1)执行"图像"→"调整"→"阈值"命令,在弹出的"阈值"对话框中制作黑白人物图像效果,如图 6-27 所示。

图 6-27 "阈值"命令处理效果

(2)将前景色设置为土黄色(R:252、G:218、B:178),背景色设置为红色(R:255、G:0、B:0),激活"油漆桶工具" ⬧,在其选项栏中取消勾选"连续的"复选框,其他选项保持默认设置,在图像的白色区域处单击,为其填充前景色,如图 6-28 所示。

(3)单击工具箱中的 ⬆ 按钮,将前景色与背景色互换,再次激活"油漆桶工具" ⬧,在图像的黑色区域处单击,为其填充前景色,如图 6-29 所示,完成双色刻板人物画的制作。

图 6-28 填充前景色(1) 图 6-29 填充前景色(2)

 小贴士

在系统默认设置的情况下,"油漆桶工具" ⬧ 可以填充前景色,在其选项栏中将填充区域的源从"前景"改为"图案",单击其右侧的图案按钮将其展开,选择所需图案进行填充,如图 6-30 所示。

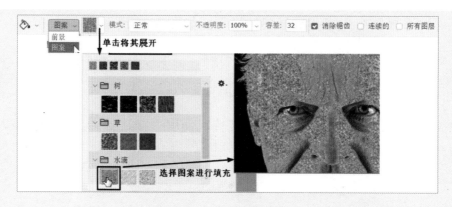

图 6-30 使用图案填充

另外，在"模式"下拉列表中选择填充模式，不同的模式得到不同的填充效果，如将"模式"分别设置为"滤色"和"实色混合"时，其填充效果，如图 6-31 所示。

图 6-31 不同模式的填充效果

"不透明度"选项用于设置填充的不透明度；"容差"选项用于设置填充时的容差值，并且容差值越大，填充范围的误差就越大，反之越小。勾选"连续的"复选框，可以对连续的一种颜色范围进行填充；勾选"所有图层"复选框，可以对所有图层中相同的颜色范围进行填充。

6.4.3 课堂讲解——使用"填充"命令填充颜色

使用"填充"命令不仅可以向图像或选区中填充前景色和背景色，还可以填充 50% 的灰色，以及黑色、白色、历史记录、图案等。

【操作步骤】

（1）首先新建 RGB 颜色模式的图像文件并创建一个圆形选区，然后设置前景色为红色（R：255、G：0、B：0），背景色为蓝色（R：0、G：0、B：255）。

（2）执行"编辑"→"填充"命令，弹出"填充"对话框，将"内容"设置为"前景色"，其他选项保持默认设置，单击"确定"按钮，向选区填充前景色，如图 6-32 所示。

图 6-32　填充前景色

（3）继续在"内容"下拉列表中分别选择"背景色""颜色""内容识别""图案""50% 灰色"等选项，即可使用相关内容进行填充，如图 6-33 所示。

图 6-33　填充其他内容

（4）"模式"选项用于设置填充模式，"不透明度"选项用于设置填充内容的不透明度。不同的模式和不同的透明度设置会得到不同的填充结果，如图 6-34 所示。

图 6-34　不同模式与不透明度的填充效果

【知识拓展】

"填充"命令的其他设置与操作（请参考资料包中的"知识拓展 / 第 6 章 / 填充命令的其他设置与操作"）。

6.4.4　课堂实训——使用渐变色制作一支绿色铅笔

渐变色是由一种颜色过渡到另一种颜色的组合颜色，共有 5 种不同的渐变方式，即"线性渐变"■、"径向渐变"■、"角度渐变"■、"对称渐变"■和"菱形渐变"■。这 5 种渐变方式创建的渐变色其色彩变化很丰富，色彩表现力和视觉冲击力都很强，特别适合表现动感较强与色彩丰富的事物，如图 6-35 所示。

139

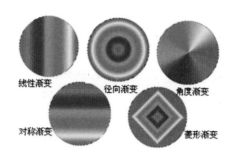

图 6-35　不同渐变方式创建的渐变色

下面使用渐变色制作一支绿色铅笔，并通过该案例介绍渐变色的使用方法和技巧。

【操作步骤】

（1）新建"宽度"为 10 厘米，"高度"为 3 厘米，"分辨率"为 300ppi，"背景颜色"为白色的图像文件。

（2）按"F7"键打开"图层"面板，单击"图层"面板下的"创建新图层" □ 按钮新建图层 1，激活"矩形选框工具" □，在图像上绘制矩形选区。

（3）激活工具箱中的"渐变工具" ■，在其选项栏中单击渐变色按钮，弹出"渐变编辑器"对话框，在系统默认的两种渐变色色带下单击，添加两个色标滑块，分别双击各色标滑块，在弹出的"拾色器（色标颜色）"对话框中将 4 个色标滑块的颜色分别设置为绿色（R: 0、G: 122、B: 0）、浅绿（R: 241、G: 255、B: 242）、翠绿（R: 0、G: 152、B: 7）和深绿（R: 0、G: 90、B: 11），如图 6-36 所示。

（4）将左侧的色标滑块向右移到第 2 个色标滑块旁，单击第 2 个色标滑块将其激活，在其右侧单击再次添加第 3 个相同颜色的色标滑块，并将其移到第 4 个色标滑块左侧的位置。再次激活第 4 个色标滑块，在其右侧单击添加第 5 个色标滑块，将其向右移到合适位置，再将右侧的色标滑块向左移到该色标滑块右侧的位置，如图 6-37 所示。

图 6-36　添加色标滑块并调整其颜色

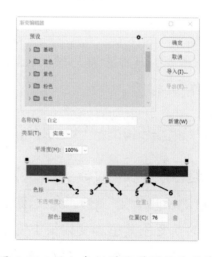

图 6-37　添加色标滑块并调整其位置

（5）激活"线性渐变" 按钮，其他选项保持默认设置，在矩形选区中按住鼠标左键由上向下进行拖动，即可填充渐变色，如图 6-38 所示。

（6）按快捷键"Ctrl+D"取消选区，激活"套索工具" ，在其选项栏中将"羽化"设置为 0 像素，在图像右端创建选区，并在"图层"面板中激活"锁定透明" 按钮，执行"滤镜"→"杂色"→"添加杂色"命令，在弹出的"添加杂色"对话框中将"数量"设置为400%，单击"确定"按钮，给选区添加杂色，如图 6-39 所示。

图 6-38　填充渐变色

图 6-39　添加杂色

（7）执行"滤镜"→"模糊"→"动感模糊"命令，在弹出的"动感模糊"对话框中将"角度"设置为 0 度，"距离"设置为 20 像素，单击"确定"按钮，对选区进行动感模糊处理，如图 6-40 所示。

（8）执行"图像"→"调整"→"色相 / 饱和度"命令，在弹出的"色相 / 饱和度"对话框中勾选"着色"复选框，将"色相"设置为 +40、"饱和度"设置为 +40、"明度"设置为 +50，单击"确定"按钮，调整图像的颜色，如图 6-41 所示。

图 6-40　动感模糊处理

图 6-41　调整颜色

（9）先将选区向右移到合适位置，再将前景色设置为绿色（R: 0、G: 200、B: 10），最后按快捷键"Alt +Delete"，向选区中填充前景色，如图 6-42 所示。

（10）按快捷键"Ctrl+D"取消选区，激活"矩形选框工具" ，沿渐变色边缘选取右侧的图像，按快捷键"Ctrl+T"添加自由变换框，在按住 Ctrl+Shift+Alt 键的同时按住鼠标左键将变换框右上方的控制点向下拖动，对选取的图像进行变形，调整出笔尖效果，如图 6-43 所示。

图 6-42　填充颜色

图 6-43　调整出笔尖效果

（11）按"Enter"键确认变形，按快捷键"Ctrl+D"取消选区，单击"图层"面板底部的"图层样式"*fx*按钮，选择"投影"选项，在弹出的"图层样式"对话框中采用默认设置制作投影，完成绿色铅笔的制作，如图 6-44 所示。

图 6-44　绿色铅笔的制作

【知识拓展】

渐变色的其他设置与效果（请参考资料包中的"知识拓展 / 第 6 章 / 渐变色的其他设置与效果"）。

6.5　绘图与描边

除了填充颜色，用户还可以使用颜色进行绘图，或者沿路径、选区及图像边缘进行描边。本节将介绍绘图与描边的相关知识。

6.5.1　课堂讲解——选择并设置画笔

画笔是一个非常重要的工具，在 Photoshop 图像处理的大多数工具中都有它的身影。当使用这些工具进行图像处理时，都需要选择并设置画笔。例如，激活"画笔工具" ，在其选项栏中单击画笔按钮，在展开的"画笔预设"选取器中选择画笔类型并对画笔进行简单的设置，如图 6-45 所示。

执行"窗口"→"画笔"命令，打开"画笔"面板，在该面板中有 4 种类型的画笔，展开不同类型画笔的文件夹，即可选择不同类型的画笔，并简单设置画笔的大小。例如，展开"常规画笔"文件夹，选择名为"柔边圆"的画笔，并设置其大小，如图 6-46 所示。

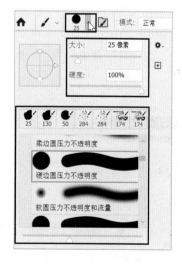

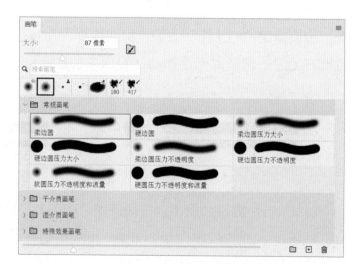

图 6-45　选择画笔类型并简单设置画笔　　　　　图 6-46　"画笔"面板

执行"窗口"→"画笔预设"命令,打开"画笔设置"面板,对选择的画笔进行详细设置。

大小：拖动滑块设置画笔直径，取值范围为 1 像素～ 5000 像素。

角度：用于设置画笔的倾斜角度。

圆度：用于设置画笔的圆球度。当"圆度"为非 100% 时，画笔形状为椭圆形。

硬度：用于设置画笔边缘的虚实度，最大值为 100%，并且数值越大，绘制的图像边缘越清晰，反之绘制的图像边缘越模糊。

间距：勾选"间距"复选框,拖动下方的滑块设置画笔的间距,取值范围为 1%～ 1000%,并且数值越大，画笔间距越大，反之画笔间距越小。

另外，用户还可以在"画笔笔尖形状"选区中勾选相应的复选框并调整参数，以便设置不同画笔的绘画效果，如图 6-47 所示。

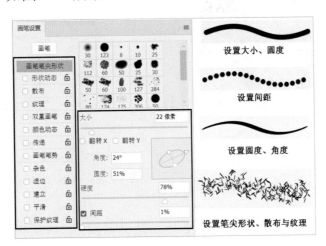

图 6-47　设置不同画笔的绘画效果

6.5.2　课堂讲解——"画笔工具"

"画笔工具" ✐操作比较简单，在图像中按住鼠标左键进行拖动，即可使用前景色绘制具有画笔特征的线条或图像。在进行绘制时需要首先在"画笔工具" ✐选项栏中设置画笔，其选项栏如图 6-48 所示。

图 6-48　"画笔工具"选项栏

单击画笔按钮，展开"画笔预设"选取器，选择画笔并对其进行简单的设置，如图 6-45 所示。

在"模式"下拉列表中设置绘图模式。当在有色背景上绘图时，不同的模式会产生不同的绘画效果。例如，在绿色（R: 0、G: 255、B: 66）和蓝色（R: 24、G: 0、B: 255）背景上使用紫红色（R：255、G：0、B：204）绘图时，选择不同的模式，其绘图效果也不同，如图 6-49 所示。

在"不透明度"输入框中设置绘图的不透明度，使其产生半透明或完全不透明效果。

激活"压力" 按钮，可以对不透明度效果施加一种压力。

在"流量"输入框中设置画笔的流量，效果与"不透明度"效果相似。

激活"喷枪样式" 按钮，绘画时产生喷枪的晕散效果。

单击"对称" 按钮，在弹出的下拉列表中选择不同的模式进行绘画，如分别选择"双轴"模式和"曼陀罗"模式，可以绘制不同对称效果的图形，如图 6-50 所示。

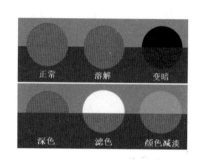
图 6-49　不同模式下的绘画效果

图 6-50　绘制对称图形

6.5.3　课堂讲解——"铅笔工具"

"铅笔工具" 与"画笔工具" 的大多数功能都相同，包括选择画笔，设置绘画效果等。不同的是，"铅笔工具" 具有智能平滑功能，可以使绘画笔触更平滑。

激活"铅笔工具" ，在其选项栏中设置"平滑"的参数值。当"平滑值"为 0% 时，相当于早期版本中的绘画效果，会有锯齿出现；当"平滑值"为 100% 时，即可获得较为平滑的绘画和描边效果。另外，单击其选项栏中的"设置" 按钮，在弹出的下拉列表中勾选需要的平滑选项，即可实现"拉绳模式""描边补齐""补齐描边末端""调整缩放"4 种绘画模式的平滑效果，使绘画更多样化，如图 6-51 所示。

图 6-51　设置"铅笔工具"的平滑效果

拉绳模式：仅在绳线拉紧时绘画，在平滑半径之内移动鼠标指针不会留下任何标记。

描边补齐：暂停描边时，允许绘画继续使用鼠标指针补齐描边，禁用此模式可以在鼠标指针移动停止时马上停止绘画应用程序。

补齐描边末端：完成从上一个绘画位置到用户松开鼠标左键所在位置的绘画。

调整缩放：通过调整平滑效果，防止抖动描边。在放大文档时，减小平滑效果；在缩小文档时，增加平滑效果。

6.5.4　课堂实训——使用"描边"命令对老鹰图像进行描边

使用"描边"命令可以沿选区、路径或者图层的边缘进行描边，以创建边框效果。打开"素材" / "飞翔的老鹰 .jpg"素材文件，下面使用"描边"命令沿老鹰图像边缘进行描边。

【操作步骤】

（1）首先激活"对象选择工具" ，在老鹰图像上单击，将老鹰图像选中；然后执行"编辑"→"描边"命令，弹出"描边"对话框。

（2）在"宽度"输入框中设置描边宽度为 5 像素，单击"颜色"选项右侧的颜色块，在弹出的"拾色器（描边颜色）"对话框中将颜色设置为白色（R：255、G：255、B：255），在"位置"选区中选中"居外"单选按钮，其他选项保持默认设置。

（3）单击"确定"按钮，关闭该对话框，沿老鹰图像边缘进行描边，按快捷键"Ctrl+D"取消选区，效果如图 6-52 所示。

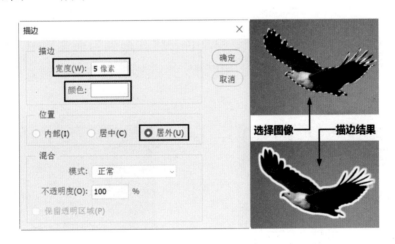

图 6-52　描边效果

小贴士

在进行描边时，除了设置"宽度"和"颜色"，用户还可以在"位置"选区中选择描边的位置。选中"内部"单选按钮，将沿选区内部进行描边；选中"居中"单选按钮，将在选区中间进行描边；选中"居外"单选按钮，将在选区的外部进行描边，效果如图 6-53 所示。

另外，在"模式"下拉列表中可以选择描边的模式，不同的模式会出现不同的效果；在"不透明度"输入框中设置描边的不透明度。图 6-54 所示为"溶解"模式和"不透明度"为 30% 时的描边效果。

图像处理与设计（Photoshop）

图 6-53　不同位置的描边效果　　图 6-54　"溶解"模式和"不透明度"为 30% 时的描边效果

综合实训——紫色回忆

下面用本章所学知识，通过数码照片合成技术，制作"紫色回忆"图像效果，以便读者对本章所学知识进行综合练习，详细操作请观看视频讲解。

【操作提示】

（1）新建"宽度"为 15 厘米，"高度"为 8 厘米，"分辨率"为 300 像素 / 英寸，"背景内容"为白色（R：255、G：255、B：255）的图像文件。

（2）将前景色设置为红色（R：255、G：52、B：120），背景色设置为紫红色（R：255、G：85、B：226），激活"渐变工具" ，选择系统默认的"前景色到背景色"渐变色，选择"径向渐变" 方式，在背景层三分之二的位置按住鼠标左键向左水平进行拖动，即可填充渐变色，如图 6-55 所示。

（3）打开"素材"/"背景 01.jpg"素材文件，将其拖到当前文档中，按快捷键"Ctrl+T"添加自由变换框，将其调整为与背景大小相匹配，并将其图层的混合模式设置为"颜色减淡"，为背景图像增加纹理，如图 6-56 所示。

图 6-55　填充渐变色　　　　　　　　　图 6-56　添加背景图像

（4）新建图层 2，将前景色设置为白色（R：255、G：255、B：255），激活"画笔工具" ，选择一种干介质画笔，并将"大小设置"为 900 像素，在图层 2 右侧位置多次单击以填充前景色（白色），如图 6-57 所示。

146

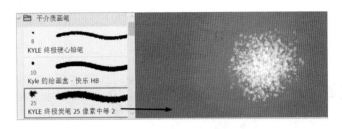

图 6-57　填充前景色

（5）执行"滤镜"→"模糊"→"径向模糊"命令,在弹出的"径向模糊"对话框中将"数量"设置为 100,"模糊方法"设置为"缩放",在"中心模糊"设置框的右侧中间位置单击,确定模糊中心,单击"确定"按钮,对填充的白色进行模糊处理。按快捷键"Ctrl+Alt+F"3次,重复执行"径向模糊"命令,效果如图 6-58 所示。

图 6-58　径向模糊效果

（6）新建图层并绘制圆形选区,将选区保存,执行"选择"→"修改"→"羽化"命令,在弹出的"羽化选区"对话框中将"羽化半径"设置为 50 像素,单击"确定"按钮,为选区添加羽化效果。执行"编辑"→"描边"命令,在弹出的"描边"对话框中将"宽度"设置为 50 像素,"位置"设置为"居中",即可使用白色沿选区进行描边,如图 6-59 所示。

（7）载入保存的选区,执行"反选"命令将选区反选,按"Delete"键删除,如图 6-60 所示。

（8）取消选区,激活"画笔工具" ✐ ,选择名为"柔边圆"的画笔,将其"硬度"设置为 0%,大小适中,在描边的图像边缘位置单击,添加白色高光点,如图 6-61 所示,制作一个白色泡泡。

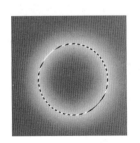
图 6-59　描边

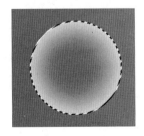
图 6-60　反选并删除

图 6-61　添加高光点

（9）将制作的泡泡进行多次复制、调整大小并移到图像右侧位置,如图 6-62 所示。

（10）首先打开"素材"/"照片 14.jpg"素材文件,将人物图像选中并移到图像左侧位置;

然后将图层的混合模式设置为"线性光"；最后为该图层添加图层蒙版，并沿垂直方向填充白色到黑色的线性渐变色，使人物图像下方出现渐隐效果，如图 6-63 所示。

图 6-62　复制泡泡　　　　　　　　　图 6-63　添加人物图像

 小贴士

　　有关图层蒙版的相关知识，将在后面章节进行详细讲解，该图像效果的详细制作过程，请读者参阅视频讲解文件，此处不再详述。

　　（11）打开"素材"/"照片 13.psd"素材文件，将人物图像选中并移到当前图像右下角位置，将图层的混合模式设置为"线性减淡（添加）"，即可完成第 2 个人物图像的添加，如图 6-64 所示。

　　（12）打开"素材"/"照片 12.psd"素材文件，将人物图像选中并移到当前图像中间位置，执行"滤镜"→"模糊"→"表面模糊"命令，在弹出的"表面模糊"对话框中将"半径"设置为 10 像素，"阈值"设置为 15 色阶，单击"确定"按钮，对人物进行表面模糊处理，如图 6-65 所示。

图 6-64 添加第 2 个人物图像　　　　　图 6-65　添加第 3 个人物图像

　　（13）首先按快捷键"Ctrl+J"两次将该人物图层复制两个，并将这两个图层的混合模式均设置为"滤色"模式，以提高人物的亮度；然后将该人物图像的 3 个图层合并，添加"外发光"的图层样式，并设置参数，制作外发光效果，如图 6-66 所示。

图 6-66　制作外发光效果

（14）打开"素材"/"鸽子.jpg"素材文件，将鸽子图像选中并移到当前图像中。将前景色分别设置为紫色和红色，使用"横排文字工具"**T**输入相关文字，并使用白色对文字进行描边，完成该图像效果的制作，效果如图6-67所示。

图6-67 "紫色回忆"图像效果

详细操作步骤见配套教学资源中的视频讲解。

表6-1所示为紫色回忆的练习评价表。

表6-1 紫色回忆的练习评价表

练习项目	检查点	完成情况	出现的问题及解决措施
紫色回忆	设置前景色与背景色、填充渐变色	□完成　□未完成	
	描边、填充颜色	□完成　□未完成	

知识巩固与能力拓展

1. 填空题

（1）三原色分别是（　　）。

（2）颜色三要素是指（　　）。

（3）在系统默认设置的情况下，前景色与背景色分别是（　　）颜色。

（4）使用（　　）可以拾取图像中的颜色并将其设置为前景色。

（5）使用（　　）可以获取图像的颜色信息。

2. 选择题

（1）在Photoshop中，调配颜色的方法分别是（　　）。

A．"色板"面板

B．"拾色器"对话框

C．"颜色"面板

（2）使用"填充"命令可以填充（　　　）。

A．前景色和背景色

B．黑色、白色和 50% 灰色

C．图案

（3）渐变色的基础类型包括（　　　）。

A．前景色到背景色

B．前景色到透明

C．黑色到白色

（4）渐变色的渐变类型除了"线性渐变"和"对称渐变"，还包括（　　　）。

A．径向渐变

B．角度渐变

C．菱形渐变

（5）使用"油漆桶工具"可以填充的内容有（　　　）。

A．前景色

B．背景色

C．图案

3．操作题——通过填充颜色创建暖色调图像

打开"素材"/"照片01.jpg"素材文件，这是一幅冷色调的图像，根据所学知识，使用渐变色对其进行填充，使其呈现暖色调颜色，制作暖色调的图像效果，如图6-68所示。

图 6-68　制作暖色调的图像效果

操作提示：

（1）激活"渐变工具" ，将前景色设置为黄色（R：250、G：204、B：34），背景色设置为橙色（R：246、G：54、B：0），或者直接选择预设"橙色"文件夹下的"橙色05"渐变色。

（2）选择"线性渐变"方式，在"渐变工具" 选项栏中将"模式"设置为"颜色加深"，按住鼠标左键在图像左上角向右下角进行拖动，即可填充渐变色，完成图像颜色的调整。

应用图层 第 7 章

工作任务分析

本章的主要任务是学习 Photoshop 中有关图层的知识，具体内容包括认识图层、图层的基本操作、图层样式、调整层与填充层等相关知识。

知识学习目标

- 了解图层的类型。
- 掌握新建与应用图层的方法。
- 掌握操作与调整图层的方法。

技能实践目标

- 能够新建与应用图层。
- 能够操作与调整图层。

7.1 认识图层

图层是 Photoshop 的重要组成部分，也是组成图像效果的基本元素。那么，到底什么是图层呢？图层又有哪些类型呢？图层和图像效果有什么关系呢？本节将介绍图层的相关知识。

7.1.1 课堂讲解——了解图层和图像效果之间的关系

通俗地讲，图层就像用户写字、绘画所用的纸张，是没有厚度、透明的电子纸张。用户可以任意移动、删除、调整、粘贴、重新配置图层内容，也可以对图层内容进行拼合、叠加、混合等操作。

图层和图像效果之间有着密不可分的关系，图像效果的实现是通过多个图层的相互叠加形成的。当一幅图像有了多个图层后，就相当于有了多张纸张，这些纸张有相同的图像分辨率，共享相同的颜色通道，并具有相同的图像色彩模式。用户分别在这些纸张上创建不同的图像元素，并对这些图像元素相互拼合、叠加、调整等，从而形成图像的最终效果，如图 7-1 所示。

图 7-1　图层与图像效果

7.1.2　课堂讲解——了解图层的类型及其用途

严格来说，Photoshop 只有两种类型的图层，即背景层和图层。其中，图层又包括新建图层、文本层和调整层。尽管这些图层都具有相同的图像分辨率、共享相同的颜色通道和图像色彩模式，但是各图层又具有不同的用途，下面就来介绍不同类型的图层用途。

1. 背景层

背景层是图像自身就有的一个图层，位于图像底层。例如，打开一幅图像，该图像就只有背景层，如图 7-2 所示。

图 7-2　背景层

背景层不能移动，不能调整和其他图层的叠加次序，也不能更改其透明度，还不能设置混合模式，甚至大多数的操作命令不能直接作用于背景层。

2. 新建图层

新建图层是通过新建命令创建，或者通过向图像中粘贴或拖入图像后生成的一种图层。通过以上相关方法，用户可以在一个图像文件中新建多个图层，并对这些图层进行单独编辑、移动、复制、缩放、调整顺序、删除、重新命名、设置不透明度，以及更改混合模式等操作，从而实现图像效果。图 7-3 所示为通过编辑图层实现的图像效果。

图 7-3 通过编辑图层实现的图像效果

3. 文本层

文本层也属于图层的一种，只是它是由文字工具创建的一种用于输入和管理文本内容的特殊图层，在图层缩览图位置会出现文字工具符号"T"，同时在图层名称上将显示文字内容，如图 7-4 所示。

图 7-4 文本层

在一般情况下，用户不能直接对文本层进行诸如色彩校正、描边、填充颜色，以及使用滤镜效果等操作，只有对文本层进行栅格化操作，将其转换为一般图层后，才能进行相关的编辑。

4. 调整层

调整层也是图层的一种，可用作图像颜色校正工具，类似于一个彩色膜覆盖在图像上，可以对位于其下方的图层的颜色进行调整。如图 7-5 所示，调整层位于背景层的上方，因此只调整背景层的颜色，而位于调整层上方图层 1 中的老鹰图像，其颜色不受调整层的影响。

图 7-5 调整层

7.2 图层的基本操作

图层的基本操作包括新建图层、删除图层、调整图层排列顺序、设置图层样式、添加图层蒙版等一系列操作，并且这些操作都是在"图层"面板中完成的。下面将介绍关于图层的基本操作的相关知识。

7.2.1 课堂讲解——新建图层

新建图层的方法很多，常用的方法是单击"图层"面板底部的"创建新图层"▣按钮，并且每单击一次该按钮，就可以创建一个新图层。

打开"素材"/"女孩 A.jpg"素材文件，按"F7"键打开"图层"面板，单击"图层"面板底部的"创建新图层"▣按钮，即可新建图层 1，如图 7-6 所示。

图 7-6　新建图层 1

多次单击"创建新图层"▣按钮，即可新建多个图层，系统将以"图层 1""图层 2"等数字序列为新建的图层命名，如图 7-7 所示。

图 7-7　新建多个图层

 小贴士

执行"图层"→"新建"→"图层"命令，或者按快捷键"Shift+Ctrl+N"，即可弹出"新建图层"对话框，为图层命名并设置图层的模式、不透明度等，单击"确定"按钮，新建图层，如图 7-8 所示。

图 7-8　新建图层

　　另外，执行"粘贴""贴入"等命令，或者向图像中拖入一个图像文件，使粘贴或拖入的图像文件自动生成一个新图层，如图 7-9 所示。

图 7-9　粘贴创建图层

　　选择图像并单击鼠标右键，在弹出的快捷菜单中执行"通过拷贝的图层"或"通过剪切的图层"命令，即可将选择的图像对象复制或剪切到新的图层中。

7.2.2　课堂讲解——重命名、删除与复制图层

　　系统会将新建的图层以"图层 1""图层 2"等数字序列进行命名。在实际的工作中，用户可以重新为图层命令，也可以复制或删除图层。下面将详细介绍重命名、删除与复制图层的相关知识。

1. 重命名图层

　　在重命名图层时，首先在"图层"面板的图层名称上双击使其反白，然后输入新的图层名称，如图 7-10 所示。

图 7-10　重命名图层

2．删除图层

在"图层"面板中单击要删除的图层将其激活，单击"图层"面板底部的"删除图层"🗑
按钮，弹出询问对话框，单击"是"按钮，即可将图层删除，如图 7-11 所示。

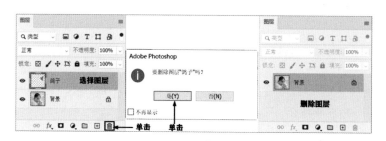

图 7-11　删除图层

3．复制图层

在"图层"面板中激活要复制的图层，按快捷键"Ctrl+J"，或者在"图层"面板中按住
鼠标左键将要复制的图层拖到面板底部的"创建新图层"🔲按钮上，释放鼠标左键，即可复
制图层，如图 7-12 所示。

图 7-12　复制图层

📋 小贴士

　　激活要复制的图层，执行"图层"→"复制图层"命令，弹出"复制图层"对话框，如果在"文档"
下拉列表中选择原图像名称的选项，则将其复制为该图像的图层副本；如果在"文档"下拉列表中选择
"新建"选项，则重命名并将其复制为没有背景层的新文档，如图 7-13 所示。

图 7-13　复制图层

　　激活要复制的图层，激活"移动工具"✛，按住键盘中的"Ctrl+Alt"键，此时鼠标指针显示重叠
的三角形图标，在图像中按住鼠标左键进行拖动，即可复制出该图层的副本图层。

7.2.3　课堂讲解——合并与盖印图层

在"图层"面板中选中当前图层,按快捷键"Ctrl+E"或执行"图层"→"向下合并"命令,合并当前图层与其下方的图层;按快捷键"Ctrl+Shift+E"或执行"图层"→"合并可见图层"命令,合并所有可见的图层,如图 7-14 所示。

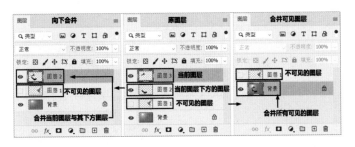

图 7-14　合并图层

执行"图层"→"拼合图像"命令,如果有隐藏的图层,则弹出警告对话框,确定是否扔掉隐藏的图层,单击"确定"按钮,将不可见图层扔掉,只合并所有可见图层,如图 7-15 所示。

图 7-15　拼合图像

严格来说,盖印图层并不是真正意义上的合并图层,而是将所有图层拼合后的效果盖印并创建为新的图层,从而保留原有的所有图层,方便以后继续编辑这些图层,在极大程度上方便用户处理图像。按快捷键"Alt+Ctrl+Shift+E",即可实现盖印图层。需要注意的是,在盖印图层时不会将不可见(隐藏)图层盖印到新图层中,如图 7-16 所示。

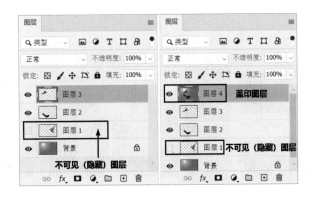

图 7-16　盖印图层

不可见（隐藏）图层是指图层中的图像被隐藏不可见。在系统默认设置的情况下，每一个图层的前面都有一个 👁 按钮，表示该图层是可见的，图层上的图像也是可见的。在该按钮上单击鼠标左键，👁 按钮消失，此时该图层不可见，图层上的图像也不可见。

7.2.4 课堂讲解——对齐与分布图层

在"图层"菜单的"对齐"和"分布"子菜单下有两组命令，通过这两组命令可以将多个图层在上、下、左、右、垂直中心和水平中心方向上对齐，也可以调整各图层之间的分布距离，如图 7-17 所示。

图 7-17 对齐和分布命令

打开"素材"/"对齐示例.psd"素材文件，按"F7"键打开"图层"面板，按住"Ctrl"键的同时分别单击图层 1、图层 2 和图层 3，将这 3 个图层选中，执行"图层"→"对齐"→"顶边"命令，使 3 个图层实现顶边对齐，如图 7-18 所示。

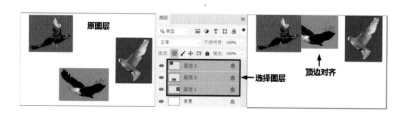

图 7-18 顶边对齐

分别执行其他对齐命令，实现图层的底边对齐、水平居中对齐、左边对齐、垂直居中对齐和右边对齐，效果如图 7-19 所示。

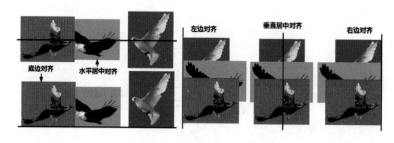

图 7-19 其他对齐命令效果

执行"图层"→"分布"菜单下的相关命令，将图层按照不同的位置进行均匀分布。由于该操作与对齐相同，因此此处不再赘述。

另外，在"移动工具" ✛ 选项栏中，有关于对齐和分布的按钮，如图 7-20 所示，单击相应按钮，同样可以实现对图层的对齐和分布效果。

图 7-20　对齐和分布的按钮

7.2.5　课堂讲解——锁定图层与建立图层组

下面将详细介绍锁定图层与建立图层组的相关知识。

1. 锁定图层

打开"素材"/"鸽子 .psd"素材文件，按"F7"键打开"图层"面板。在"图层"面板中有一组关于锁定图层的按钮，启动这些按钮锁定图层，使其不能进行相应的编辑，如图 7-21 所示。

图 7-21　锁定图层按钮

"锁定透明像素" ⊞ 按钮：单击该按钮，锁定图层的透明区域。在编辑图像时只作用于非透明区域，尤其在填充颜色时，当锁定透明区域后，只能在图层的非透明区域进行填充。再次单击该按钮取消锁定，如图 7-22 所示。

图 7-22　锁定透明像素

"锁定图像像素" ✏ 按钮：单击该按钮，锁定图层像素，使之无法进行任何编辑（例如，调整颜色、填充颜色等）。再次单击该按钮取消锁定。

"锁定位置" ✛ 按钮：单击该按钮，锁定图层的位置，使之无法移动。再次单击该按钮取消锁定。

"锁定嵌套" ⛶ 按钮：单击该按钮，锁定图层，防止其在画板内外自动嵌套。再次单击该按钮取消锁定。

"锁定全部" 🔒 按钮：单击该按钮，完全锁定图层，除非再次单击该按钮取消锁定，否则任何操作都不可执行。

 小贴士

除了直接在"图层"面板中锁定图层，用户还可以将图层选中，执行"图层"→"锁定图层"命令，在弹出的"锁定所有链接图层"对话框中选择要锁定的项目，如图7-23所示。如果勾选"全部"复选框，则会锁定所有链接图层。

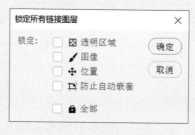

图 7-23 "锁定所有链接图层"对话框

2. 建立图层组

用户可以建立图层组，以便对图层进行管理。执行"图层"→"新建"→"组"命令，弹出"新建组"对话框，如图7-24所示。

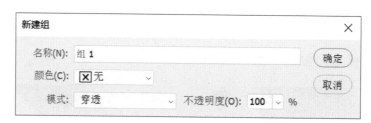

图 7-24 "新建组"对话框

在"名称"输入框中为图层组命名，默认为"组1"，在"颜色"下拉列表中为图层组选择一种标注颜色，在"模式"下拉列表中选择图层组的混合模式，"不透明度"选项用于设置图层组的不透明度。设置完成后，单击"确定"按钮，新建图层组。建立图层组后，新建的图层将自动放置在该图层组中，如图7-25所示。

图 7-25　图层组与图层

 小贴士

选择其他图层，执行"图层"→"新建"→"从图层建立组"命令，弹出"从图层建立组"对话框，单击"确定"按钮，将选择的图层放置到新建的图层组中。

放在一个图层组中的每一个图层都是独立的，用户可以单独进行编辑，也可以加载其他菜单命令，却不影响图层组中的其他图层。如果想删除图层组，则可以将鼠标指针移到"图层"面板的图层组中并单击鼠标右键，在弹出的快捷菜单中执行"删除组"命令，在弹出的警告对话框中询问删除组及其内容，还是仅删除，如图 7-26 所示。

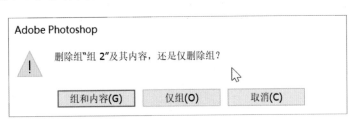

图 7-26　删除组的警告对话框

单击"组和内容"按钮，删除图层组及其内容；单击"仅组"按钮，仅删除图层组。如果要将图层组中的图层从图层组中分离出来，则可以将鼠标指针移到"图层"面板的图层组中并单击鼠标右键，在弹出的快捷菜单中执行"取消图层编组"命令，即可将图层从图层组中分离出来。

7.2.6　课堂实训——通过调整图层的排列顺序创建奥运五环

图层的排列顺序发生变化，会影响图像的效果。例如，当图层 2 位于图层 1 的上方时，图像中的女孩位于向日葵花海的前面；当图层 2 位于图层 1 的下方时，图像中的女孩被淹没在向日葵花海中，如图 7-27 所示。

图 7-27　图层的排列顺序对图像效果的影响

由此可见，调整图层的排列顺序，对图像效果影响很大。当图像中有两个以上的图层时，用户就可以调整图层的排列顺序，从而改变图像效果。

调整图层排列顺序的方法非常简单，可以在"图层"面板中按住鼠标左键将图层直接拖到相关位置释放鼠标左键，或者执行"图层"→"排列"菜单下的相关命令，如图 7-28 所示，即可对图层的排列顺序进行调整。

图 7-28　"排列"菜单

置为顶层：将当前图层调整为顶层。

前移一层：将当前图层向上移动一层。

后移一层：将当前图层向下移动一层。

置为底层：将当前图层调整为底层。

下面通过调整图层的排列顺序，制作一个奥运五环，以便读者学习通过调整图层的排列顺序实现图像效果的方法。

【操作步骤】

（1）新建白色背景的图像文件，按"F7"键打开"图层"面板，新建图层 1 并将其命名为"蓝色"。在该图像文件中，绘制圆形选区并填充蓝色，如图 7-29 所示。

（2）执行"选择"→"变换选区"命令，为选区添加自由变换框，在其选项栏中将其缩小 75%，按"Delete"键删除，按快捷键"Ctrl+D"取消选区，制作出一个蓝色圆环，如图 7-30 所示。

图 7-29　创建选区并填充蓝色

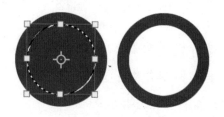

图 7-30　制作蓝色圆环

（3）首先按快捷键"Ctrl+J"复制蓝色层，将其副本层重命名为"黑色"；然后激活"图层"面板中的"锁定透明像素" ▦按钮，向黑色层填充黑色，从而制作出一个黑色圆环，如图 7-31所示。

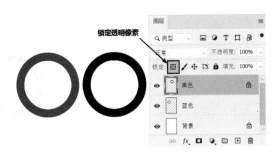

图 7-31　制作黑色圆环

（4）依照第（3）步的操作，复制黑色层，激活"锁定透明像素" ▦按钮并填充颜色，制作出红色、黄色和绿色 3 个圆环，并依照奥运五环排列各圆环的图层顺序，如图 7-32 所示。

图 7-32　排列 5 个圆环的图层顺序

下面使这 5 个圆环相互套在一起。

（5）按住"Ctrl"键的同时单击蓝色层，即可载入其选区，按住"Ctrl+Shift+Alt"键的同时单击黄色层，即可载入该层与蓝色层的相交区域的选区，如图 7-33 所示。

（6）激活"椭圆选框工具" ○，在其选项栏中激活"从选区中减去" ╚按钮，框选左下方相交区域的选区，将其减去，只保留右上方的选区，如图 7-34 所示。

图 7-33　载入选区

图 7-34　减去选区

（7）激活黄色层并单击鼠标右键，在弹出的快捷菜单中执行"通过剪切的图层"命令，将黄色圆环上选中的图像剪切到图层 1 中，将图层 1 拖到蓝色层的下方，这样蓝色圆环和黄色圆环就套在一起了，如图 7-35 所示。

（8）使用相同的方法，制作黑色圆环分别和黄色圆环、绿色圆环相互嵌套的效果；红色圆环和绿色圆环相互嵌套的效果，从而完成奥运五环的制作，如图 7-36 所示。具体操作请观看视频讲解。

图 7-35　蓝色圆环和黄色圆环套在一起　　　　图 7-36　奥运五环

7.2.7　课堂实训——通过图层混合快速调整图像亮度与对比度

图层混合模式是图层之间的一种颜色混合方式，并且不同的图层混合模式会产生不同的颜色混合效果。在"正常"模式下，图层之间不会产生任何颜色混合效果。如果将图层 1 的混合模式设置为"差值"，则图层 1 的颜色会与背景层的颜色以"差值"方式进行混合，从而产生另一种颜色效果，如图 7-37 所示。

图 7-37　图层混合模式效果

图层混合模式是调整图像颜色的一种有效方法。打开"素材"/"海边风景.jpg"素材文件，该图像颜色暗淡，对比度不足。下面通过设置图层的混合模式，快速调整图像的亮度与对比度，效果如图 7-38 所示。

图 7-38　设置图层混合模式的图像效果

【操作步骤】

（1）按"F7"键打开"图层"面板，按快捷键"Ctrl+J"两次，对图像背景层进行两次复制，分别为图层 1 和图层 1 拷贝层。

（2）激活图层 1 拷贝层，将其图层的混合模式设置为"叠加"，使其与图层 1 进行颜色混合，效果如图 7-39 所示。

图 7-39　"叠加"混合模式效果

（2）按快捷键"Ctrl+E"将图层 1 拷贝层合并到图层 1 中，将图层 1 的混合模式设置为"强光"，使其与背景层进行颜色混合，加深图像颜色，完成图像亮度与对比度的调整，效果如图 7-40 所示。

图 7-40　"强光"混合模式效果

【知识拓展】

图层混合模式详解（请参考资料包中的"知识拓展 / 第 7 章 / 图层混合模式详解"）。

7.2.8　课堂讲解——转换图层

1. 将图层转换为智能对象

用户可以将图层转换为智能对象，这样在编辑图层时不仅可以保证原图层效果不变，还可以生成新的图像文件。尤其在 UI 设计、网页设计，以及有多人合作的项目中，如果将制作的图标、图像效果等转换为智能对象后，则可以使多人同步使用却不相互影响。

打开"素材" / "飞翔的鸟 .jpg"素材文件，执行"图层"→"智能对象"→"转换为智能对象"命令，此时背景层显示为图层 0，其对象被转换为智能对象，如图 7-41 所示。

图 7-41   转换为智能对象

执行"图像"→"调整"→"色相 / 饱和度"命令，对智能图像进行颜色调整，如图 7-42 所示，此时智能对象添加了智能滤镜与调整命令。

图 7-42   调整智能对象的颜色

双击图层 0，即可打开原图像，且原图像颜色保持不变，如图 7-43 所示。

图 7-43   打开原图像

2. 图层与背景层的转换

由于背景层在编辑图像时有一定的局限性，因此可以将背景层转换为图层，方便进行图像编辑，并在编辑完成后，再次将图层转换为背景层。

打开"素材"/"飞翔的老鹰.jpg"素材文件，执行"图层"→"新建"→"背景图层"命令，弹出"新建图层"对话框，在"名称"输入框中对新建的图层进行命令，单击"确定"按钮，即可将背景层转换为图层，如图 7-44 所示。

166

图 7-44　将背景层转换为图层

一个图像文件可以有多个图层，但只有一个背景层。当图像文件没有背景层时，可以选择一个图层，执行"图层"→"新建"→"图层背景"命令，将该图层转换为背景层，如图 7-45 所示。

图 7-45　将图层转换为背景层

7.3　图层样式

在"图层"面板底部单击"添加图层样式"fx按钮，在弹出的列表中有丰富多彩的图层样式，包括阴影、发光、浮雕等，如图 7-46 所示。

图 7-46　图层样式

使用这些图层样式可以在图像中实现凸起或凹陷的立体效果，发光或阴影的光感效果等。下面将详细介绍图层样式的相关知识。

7.3.1　课堂实训——使用"斜面和浮雕"样式制作圆形立体按钮

"斜面和浮雕"样式可以生成一种凸起或凹陷的立体效果。下面使用"斜面和浮雕"样式制作一个圆形立体按钮。

【操作步骤】

（1）新建白色背景的图像文件，按"F7"键打开"图层"面板，新建图层 1 并绘制圆形选区，之后向选区内以"线性"方式填充"蓝色"渐变色系列中的"蓝色_13"渐变色，如图 7-47 所示。

（2）按快捷键"Ctrl+D"取消选区，在"图层"面板底部单击"添加图层样式" fx 按钮，在弹出的列表中选择"斜面和浮雕"选项，弹出"图层样式"对话框，在"结构"选区中将"样式"设置为"内斜面"，"方法"设置为"雕刻清晰"，其他选项保持默认设置，制作浮雕效果，如图 7-48 所示。

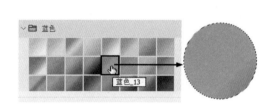

图 7-47　填充渐变色　　　　　　　　　图 7-48　制作浮雕效果

（3）按住"Ctrl"键的同时单击图层 1，即可载入选区，执行"选择"→"变换选区"命令添加自由变换框，在选项栏中将选区缩小 60%，然后切换到选框工具，在图像中单击鼠标右键，在弹出的快捷菜单中执行"通过剪切的图层"命令，将选中的图像剪切到图层 2 中，制作出按钮效果，如图 7-49 所示。

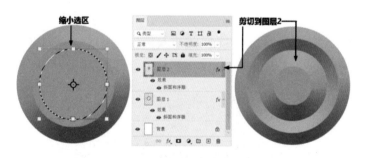

图 7-49　剪切到图层 2 中

（4）按"Enter"键，完成圆形立体按钮的制作。

【知识拓展】

"斜面和浮雕"样式的其他设置（请参考资料包中的"知识拓展 / 第 7 章 / 斜面和浮雕样式的其他设置"）。

7.3.2　课堂实训——使用"描边"样式制作镂空彩色文字效果

"描边"样式除了可以使用颜色对图像进行描边，还可以使用渐变色和图案对图像进行描边，这是"描边"命令无法实现的。下面使用"描边"样式制作镂空彩色文字效果。

【操作步骤】

（1）打开"素材"/"样式.psd"素材文件，这是一个白色背景、白色文字的图像文件。

（2）按"F7"键打开"图层"面板，激活样式层，单击"图层"面板底部的"添加图层样式"fx按钮，在弹出的列表中选择"描边"选项，弹出"图层样式"对话框。

（3）在"描边"选项卡的"填充类型"下拉列表中选择"渐变"选项，单击渐变色颜色条，弹出"渐变编辑器"对话框，在"紫色"文件夹中选择任意一种紫色渐变色，将"类型"设置为"杂色"，"粗糙度"设置为100%，单击右下方的"随机化"按钮，选择一种满意的彩色颜色，如图 7-50 所示。

（4）单击"确定"按钮，在"图层样式"对话框的"描边"选项卡中根据描边需要设置"大小""位置"等参数，如图 7-51 所示。

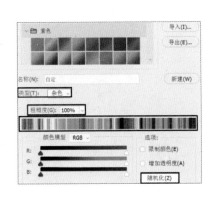

图 7-50　设置渐变色

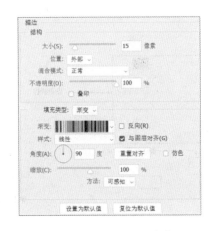

图 7-51　设置描边参数

（5）单击"确定"按钮，完成彩色镂空文字效果的制作，如图 7-52 所示。

图 7-52　彩色镂空文字效果

 小贴士

"描边"样式的相关设置与"描边"命令的基本相同，只是在"填充类型"下拉列表中除了选择"颜色"选项，还可以选择"渐变色"或"图案"选项。当选择"渐变色"选项后，可以设置渐变色的颜色；当选择"图案"选项后，可以选择系统预设或自定义的图案。具体操作可以参阅前面章节中相关内容的讲解，此处不再赘述。

7.3.3　课堂实训——使用"内阴影"样式制作勾边浮雕文字效果

使用"内阴影"样式可以制作图像的内阴影效果。下面继续7.3.2节的操作，使用"内阴影"样式制作勾边浮雕文字效果。

【操作步骤】

（1）在"图层"面板中双击样式层，弹出"图层样式"对话框，在左侧列表中取消勾选"描边"复选框，这样文字的"描边"样式效果就会消失。

（2）勾选"内阴影"复选框，为"样式"文字重新添加"内阴影"样式，并在"内阴影"选项卡中将"不透明度"设置为100%，"角度"设置为90度，"距离"设置为2像素，"大小"设置为13像素，单击"等高线"下拉按钮，在弹出的下拉列表中选择样式，并将其"杂色"设置为30%，如图7-53所示。

（3）单击"确定"按钮，完成勾边浮雕文字效果的制作，如图7-54所示。

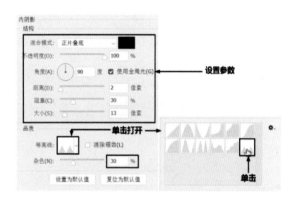

图7-53　设置内阴影参数

图7-54　勾边浮雕文字效果

📋 小贴士

"内阴影"样式的相关设置与"斜面和浮雕"样式的基本相同，读者可以参阅"斜面和浮雕"样式的其他设置的相关内容讲解，此处不再赘述。

7.3.4　课堂实训——使用"内发光"样式制作内发光浮雕文字效果

使用"内发光"样式可以制作出从图像内向外发光的效果，下面继续7.3.3节的操作，使用"内发光"样式制作内发光浮雕文字效果。

【操作步骤】

（1）在"图层"面板中双击样式层，弹出"图层样式"对话框，在左侧列表中取消勾选"内阴影"复选框，以取消文字的内阴影效果。

（2）勾选"内发光"复选框，为"样式"文字重新添加"内发光"样式，并在"内发光"

选项卡的"结构"选区中将"混合模式"设置为"线性光","不透明度"设置为100%,"杂色"设置为100%;在"图素"选区中将"方法"设置为"精确","源"设置为"居中","阻塞"设置为0%,"大小"设置为16像素;在"品质"选区中单击"等高线"下拉按钮,在弹出的下拉列表中选择样式,并将其"范围"设置为35%,"抖动"设置为30%,如图7-55所示。

(3)选中渐变色左侧的单选按钮,单击渐变色颜色条,弹出"渐变编辑器"对话框,在"红色"文件夹中选择一种渐变色,其他选项保持默认设置,如图7-56所示。

(4)单击"确定"按钮,完成内发光浮雕文字效果的制作,如图7-57所示。

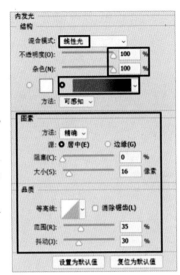

图 7-55　设置内发光参数

图 7-56　设置渐变色

图 7-57　内发光浮雕文字效果

7.3.5　课堂实训——使用"投影"样式制作投影文字效果

使用"投影"样式可以制作出真实的投影效果。下面继续7.3.4节的操作,使用"投影"样式制作投影文字效果。

【操作步骤】

(1)在"图层"面板中双击样式层,弹出"图层样式"对话框,在左侧列表中取消勾选"内发光"复选框,以取消文字的内发光效果。

(2)勾选"投影"复选框,为"样式"文字重新添加"投影"样式,并在"投影"选项卡的"混合模式"下拉列表中选择"正片叠底"选项,将"不透明度"设置为70%,"距离"设置为15像素、"扩展"设置为10%、"大小"设置为20像素,其他选项保持默认设置,如图7-58所示。

（3）单击"确定"按钮，完成投影文字效果的制作，如图 7-59 所示。

图 7-58　设置投影参数　　　　　　　　　图 7-59　投影文字效果

7.3.6　课堂实训——使用"外发光"样式制作人物背景发光效果

与"内发光"样式相反，"外发光"样式是向图像发光的一种样式。打开"素材"/"女士 .jpg"素材文件，下面使用"外发光"样式制作人物背景发光效果。

【操作步骤】

（1）使用"对象选择工具" 将女士图像选中并粘贴到图层 1 中，激活图层 1，单击"图层"面板底部的"添加图层样式" *fx* 按钮，在弹出的列表中选择"外发光"选项，弹出"图层样式"对话框。

（2）在"外发光"选项卡的"结构"选区中将"混合模式"设置为"正常"，"不透明度"设置为 100%，"杂色"设置为 0%；在"图素"选区中将"方法"设置为"柔和"，"扩展"设置为 25%，"大小"设置为 80 像素；在"品质"选区中将"范围"设置为 100%，其他选项保持默认设置，如图 7-60 所示。

图 7-60　设置外发光参数

（3）单击"确定"按钮，完成人物背景发光效果的制作，如图 7-61 所示。

图 7-61　人物背景发光效果

7.3.7　课堂实训——使用"渐变叠加"样式调整图像颜色饱和度

"渐变叠加"样式类似于"渐变映射"命令，用于在图像上添加渐变色，从而调整图像的颜色。打开"素材"/"海边风景.jpg"素材文件，下面使用"渐变叠加"样式调整图像颜色饱和度。

【操作步骤】

（1）按快捷键"Ctrl+J"复制背景层，即背景拷贝层，单击"添加图层样式"fx按钮，在弹出的列表中选择"渐变叠加"选项为背景拷贝层添加"渐变叠加"样式，如图 7-62 所示，同时弹出"图层样式"对话框。

（2）在"渐变"选区中将"混合模式"设置为"线性加深"，"不透明度"设置为 50%，"样式"设置为"线性"，其他选项保持默认设置，如图 7-63 所示。

（3）单击渐变色颜色条，弹出"渐变编辑器"对话框，在"粉彩"文件夹中选择一种渐变色，其他选项保持默认设置，单击"确定"按钮，使用渐变色调整图像颜色，如图 7-64 所示。

图 7-62　添加"渐变叠加"样式

图 7-63　设置渐变叠加参数

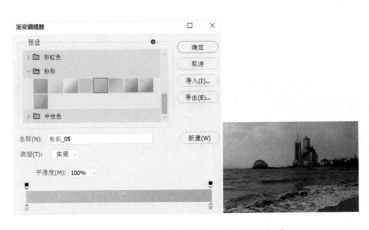

图 7-64　使用渐变色调整图像颜色

（4）在"图层"面板中将背景拷贝层的混合模式设置为"线性光"，提高图像的亮度，完成图像颜色的调整，效果如图 7-65 所示。

图 7-65　图像颜色调整效果

📋 小贴士

"颜色叠加"样式是将一种颜色叠加到图像上，而"图案叠加"样式是将图案叠加到图像上。这两种样式的设置与"渐变叠加"样式的相关设置基本相同，此处不再赘述，读者可以参阅"渐变叠加"样式的案例，自己尝试操作。

7.3.8　课堂讲解——调整图层样式

在图层中添加样式后，用户可以对图层样式进行调整（例如，删除、复制、粘贴、隐藏等）。下面介绍调整图层样式的相关知识。

1. 复制、粘贴图层样式

通过复制、粘贴操作可以将图层样式粘贴到另一个图层中。下面将 7.3.7 节中制作的"渐变叠加"图层样式复制并粘贴到另一幅图像中。

【操作步骤】

（1）继续 7.3.7 节的操作，在背景拷贝层上单击鼠标右键，在弹出的快捷菜单中执行"拷贝图层样式"命令复制样式，打开"素材"/"图片 09.jpg"素材文件，按快捷键"Ctrl+J"复制背景层，即图层 1，如图 7-66 所示。

图 7-66　复制背景层

（2）在图层 1 上单击鼠标右键，在弹出的快捷菜单中执行"粘贴图层样式"命令粘贴图层样式，如图 7-67 所示，将图层的混合模式修改为"颜色减淡"模式。

图 7-67　粘贴图层样式

2．停用、隐藏、删除图层样式

用户可以停用、启用、隐藏和删除图层样式。

继续上述操作，在图层 1 的"渐变叠加"样式上单击鼠标右键，在弹出的快捷菜单中执行"停用图层效果"命令，此时图层 1 中"效果"样式前面的眼睛图标消失，图层样式被停用，如图 7-68 所示。再次在图层 1 的"渐变叠加"样式上单击鼠标右键，在弹出的快捷菜单中执行"启用图层效果"命令，再次启用图层样式效果。

继续在图层 1 的"渐变叠加"样式上单击鼠标右键，在弹出的快捷菜单中执行"隐藏所有效果"命令，此时图层 1 中"效果"样式和"渐变叠加"样式显示灰色不可操作，图层样式被隐藏，如图 7-69 所示。再次在图层 1 的"渐变叠加"样式上单击鼠标右键，在弹出的快捷菜单中执行"显示所有效果"命令，显示图层的所有效果。

图 7-68　停用图层样式　　　　图 7-69　隐藏图层样式

在图层 1 的"渐变叠加"样式上单击鼠标右键，在弹出的快捷菜单中执行"清除图层样式"命令，即可删除图层样式。

7.4　调整层与填充层

调整层与填充层是两种比较特殊的图层，通常用来调整图像的颜色，或者向图层中填充一种颜色。本节将介绍调整层与填充层的相关知识。

175

7.4.1 课堂实训——使用调整层调整人脸颜色

调整图层是一种特殊的图层，可以对位于调整图层下方的所有图层的颜色进行调整。打开"素材"/"人物图像 01.jpg"素材文件，下面通过新建调整层，对图像中人物右半边脸的颜色进行调整。

【操作步骤】

（1）按"F7"键打开"图层"面板，激活"矩形选框工具"⬚，选中人物右半边脸并单击鼠标右键，在弹出的快捷菜单中执行"通过拷贝的图层"命令，将选中的图像复制到图层 1 中，如图 7-70 所示。

（2）在"图层"面板中，单击背景层将其激活，单击面板底部的"创建新的填充或调整图层" ⊙ 按钮，在弹出的列表中选择"色相 / 饱和度"选项，在背景层上方新建名为"色相 / 饱和度 1"的调整层，如图 7-71 所示。

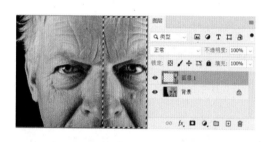

图 7-70　选中图像并复制到图层 1 中

图 7-71　新建名为"色相 / 饱和度 1"的调整层

（3）在打开的"属性"面板中设置"色相 / 饱和度"的相关参数，以调整背景层的颜色，而图层 1 的图像不受调整的影响，如图 7-72 所示。

（4）在"图层"面板中，单击图层 1 将其激活，切换到"调整"面板，显示所有颜色调整命令，单击"照片滤镜"按钮，在图层 1 上方添加"照片滤镜 1"调整层，如图 7-73 所示。

图 7-72　使用调整层调整背景层颜色

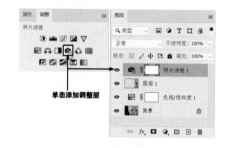

图 7-73　添加"照片滤镜 1"调整层

（5）进入"属性"面板，将"滤镜"设置为"蓝色"，"密度"设置为 100%，同时对图层 1 和背景层进行颜色调整，如图 7-74 所示。

图 7-74　调整图层 1 和背景层的颜色

7.4.2　课堂讲解——填充层

填充图层其实也是一种颜色调整工具，只是填充层使用了纯色、渐变色和图案进行填充，并通过设置该层的混合模式，从而达到调整图层颜色的目的，其效果类似于图层样式中的渐变叠加、颜色叠加和图案叠加。打开"素材"/"图片 09.jpg"素材文件，下面通过填充层调整该图像的颜色。

【操作步骤】

（1）单击"图层"面板底部的"创建新的填充或调整图层" 按钮，在弹出的列表中选择"渐变填充"选项，在背景层上方新建名为"渐变填充 1"的填充层，同时弹出"渐变填充"对话框，如图 7-75 所示。

图 7-75　创建渐变填充层

（2）单击渐变色颜色条，弹出"渐变编辑器"对话框，在系统预设的"紫色"文件夹中选择"紫色 06"渐变色，其他选项保持默认设置，单击"确定"按钮，完成渐变色的设置，如图 7-76 所示。

图 7-76　设置渐变色

（3）在"图层"面板中调整"渐变填充1"填充层的混合模式，从而调整图像颜色。图 7-77 所示为渐变填充层不同混合模式的图像颜色效果。

图 7-77　渐变填充层不同混合模式的图像颜色效果

📋 **小贴士**

颜色填充层和图案填充层的操作方法与渐变填充层的操作方法相同，读者可以参阅渐变填充层的应用方法，自己尝试操作，此处不再赘述。

🔬 综合实训——合成"花季少女"数码照片

下面通过数码照片合成技术，合成"花季少女"数码照片，以便对本章所学知识进行综合练习，详细操作请观看视频讲解。

【操作提示】

（1）打开"照片 02.jpg"素材文件，复制女孩图层，分别执行"表面模糊""智能锐化"命令，对女孩图像进行处理，使女孩皮肤更光滑，再次复制女孩图层并将其混合模式设置为"滤色"，以调整女孩白皙的皮肤。

（2）盖印图层 1，添加"色彩平衡"调整层，调整女孩图像的颜色。再次盖印图层 2，添加"曲线"调整层，调整女孩的图像。

（3）盖印图层 3，添加"匹配颜色"调整层，调整女孩的颜色，使用"修补工具" ⊕ 对女孩额头、左脸颊和下巴位置的黑斑进行修复处理，使用"模糊工具" ◊ 对女孩图像进行模糊处理，使用"减淡工具" 🔎 对右额头、右脸颊及鼻尖进行高光加亮，完成对照片的处理，如图 7-78 所示。

（4）使用选框工具将女孩周围的背景图像选中，在选项栏中将"羽化"设置为 60 像素，并使用"成角的线条"滤镜进行处理，如图 7-79 所示。

图 7-78　处理女孩图像　　　图 7-79　处理背景图像

（5）打开"背景图像 .psd"素材文件，将其拖到女孩图像中，并将其图层的混合模式设置为"线性减淡"模式，如图 7-80 所示。

（6）打开"花朵 .jpg"和"花朵 01.jpg"素材文件，分别执行"干笔画"和"去除杂色"命令，对花朵图像进行处理，执行"智能锐化"命令对"花朵 01.jpg"素材文件进行处理，如图 7-81 所示。

（7）打开"蝴蝶 01.jpg"素材文件，盖印图层，使用"竖排文字蒙版工具"在盖印图层上输入"花季少女"文字内容，并将背景图像通过文字蒙版复制到新图层中，之后添加"斜面和浮雕"图层样式，制作出立体的文字效果，最终效果如图 7-82 所示。

图 7-80 添加背景图像　　图 7-81 添加并调整花朵图像　　图 7-82 最终效果

详细操作步骤见配套教学资源中的视频讲解。

表 7-1 所示为合成"花季少女"数码照片的练习评价表。

表 7-1 合成"花季少女"数码照片的练习评价表

练习项目	检查点	完成情况	出现的问题及解决措施
花季少女	复制图层、盖印图层	□完成 □未完成	
	图层混合模式、调整图层、设置文字效果	□完成 □未完成	

知识巩固与能力拓展

1. 填空题

（1）在 Photoshop 中，不能调整位置的图层是（　　）层。

（2）在 Photoshop 中，不可以应用图层样式的图层是（　　）层。

（3）在 Photoshop 中，不能删除的图层是（　　）层。

（4）执行（　　）命令可以将背景层转换为图层。

（5）一个图像只能有（　　）个背景层。

2. 选择题

（1）在 Photoshop 中，新建图层的方法有（　　）。

A．单击"图层"面板底部的"创建新图层"按钮

B．按快捷键"Ctrl+Shift+N"

C．执行"图层"→"新建"→"图层"命令

（2）"填充层"包括（　　）。

A．纯色　　　　　　B．渐变色　　　　　　C．图案

（3）调整图层排列顺序的方法有（　　）。

A．执行"图层"→"排列"子菜单命令

B．在"图层"面板中拖动图层以调整其排列顺序

C．执行"图层"→"锁定图层"命令

（4）删除图层的方法有（　　）。

A．执行"图层"→"删除"→"图层"命令

B．选择图层，单击"图层"面板底部的"删除"按钮

C．将图层直接拖到"图层"面板底部的"删除"按钮上

（5）对齐图层的方法有（　　）。

A．选择要对齐的图层，执行"图层"→"对齐"子菜单命令

B．选择要对齐的图层，激活"选择并移动"工具，在其选项栏中单击相应的对齐按钮

C．选择要对齐的图层，执行"图层"→"链接图层"命令

3. 操作题——通过调整层和填充层调整图像颜色

打开"素材"/"风景 05.jpg"素材文件，通过调整层和填充层调整该图像的颜色，效果如图 7-83 所示。

图 7-83　通过调整层和填充层调整图像颜色

操作提示：

（1）为图层添加"照片滤镜"调整层，选择滤镜的颜色为"蓝色"，并调整"密度"值以调整图像颜色。

（2）重新为图像添加"渐变填充"填充层，选择"紫色"文件夹中的"紫色 10"渐变色，并将其图层的混合模式设置为"颜色加深"，以调整图像颜色。

路径与文字 第 8 章

工作任务分析

本章的主要任务是学习 Photoshop 中路径与文字的相关知识，具体内容包括绘制路径与形状、调整路径与形状、输入文字与编辑文字等相关知识。

知识学习目标

- 掌握绘制路径与形状的方法。
- 掌握调整路径与形状的方法。
- 掌握填充与描边路径的方法。
- 掌握输入文字与编辑文字的方法。

技能实践目标

- 能够绘制并调整路径与形状。
- 能够填充与描绘路径。
- 能够输入文字与编辑文字。

8.1 绘制路径与形状

路径是矢量图形的边框，而形状是带有路径边框的图形。本节将介绍绘制路径与形状的相关方法。

8.1.1 课堂讲解——认识路径

在 Photoshop 中，路径是使用钢笔工具或图形工具绘制的矢量图形的边框。当在图像中绘制路径后，会在"路径"面板中创建一个工作路径，如图 8-1 所示。

路径包括路径和锚点两部分。锚点用于标记路径的端点，使用"路径选择工具" ![] 单击路径，路径和锚点都被选中，且锚点显示为实心的小方框；使用"直接选择工具" ![] 单击路径，路径被选中，而锚点未被选中，且锚点显示为空心的小方框，如图 8-2 所示。

图 8-1　工作路径　　　　　　　　　　　　图 8-2　路径和锚点

锚点本身具有属性，包括直线属性和曲线属性。如果锚点为直线属性，则绘制直线路径；如果锚点为曲线属性，则绘制曲线路径，如图 8-3 所示。

路径可以是闭合的，也可以是非闭合的，当为闭合路径填充颜色后，就成了矢量图形，如图 8-4 所示。

图 8-3　直线属性锚点与曲线属性锚点　　　　　图 8-4　路径与图形

8.1.2　课堂讲解——"钢笔工具"

"钢笔工具" ✐操作简单、灵活，是绘制路径和形状非常常用的工具。新建绘图文件，激活"钢笔工具" ✐按钮，在其选项栏中选择"路径"选项，其他选项保持默认设置，如图 8-5 所示。

图 8-5　"钢笔工具"选项栏

在图像上单击鼠标左键，创建第 1 个直线属性锚点；将鼠标指针移到合适位置再次单击鼠标左键，创建第 2 个直线属性锚点，依次绘制直线路径，如图 8-6 所示。

继续按住鼠标左键进行拖动创建曲线属性锚点并出现路径调节杆，按住鼠标左键调整路径的弯曲度，绘制曲线路径，如图 8-7 所示。

将鼠标指针移到起点处，此时鼠标指针下方出现小圆环，单击鼠标左键结束绘制，闭合路径，如图 8-8 所示。

图 8-6　绘制直线路径　　　图 8-7　绘制曲线路径　　　图 8-8　闭合路径

用户也可以使用"钢笔工具" ✐绘制形状，其绘制方法与绘制路径相同，首先在其选项栏中选择"形状"选项，单击"填充"颜色块，设置形状的填充内容。单击 ☑ 按钮，形状没有填充内容；单击 ▦ 按钮，使用颜色填充形状；单击 ▧ 按钮，使用渐变色填充形状，单击 ▦ 按钮，使用图案填充形状，如图 8-9 所示。

　　单击"描边"按钮，设置形状的边框内容。单击 ☑ 按钮，形状没有边框；单击 ▦ 按钮，使用颜色填充边框；单击 ▧ 按钮，使用渐变色填充边框；单击 ▦ 按钮，使用图案填充边框，如图 8-10 所示。

图 8-9　设置形状的填充内容　　　　图 8-10　设置形状的边框内容

　　单击"形状描边类型"按钮，设置形状的描边类型，其他选项保持默认设置，在图像中绘制形状，其绘制方法与绘制路径的方法相同，如图 8-11 所示。

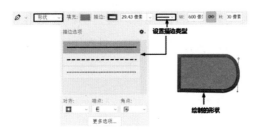

图 8-11　设置描边类型并绘制形状

8.1.3　课堂讲解——"自由钢笔工具"和"弯度钢笔工具"

　　"自由钢笔工具" ⌀ 和"弯度钢笔工具" ⌀ 也可以用于绘制路径，只是"自由钢笔工具" ⌀ 可以用于绘制自由路径，而"弯度钢笔工具" ⌀ 则可以用于绘制有弯度的路径。

　　激活"自由钢笔工具" ⌀，在其选项栏中选择"路径"选项，其他选项保持默认设置，按住鼠标左键进行拖动，以便绘制自由路径，如图 8-12 所示。

图 8-12　绘制自由路径

　　　激活"弯度钢笔工具" ✍，在其选项栏中选择"路径"选项，其他选项保持默认设置，在图像上单击鼠标左键以添加第 1 个锚点，将鼠标指针移到合适位置单击鼠标左键以添加第 2 个锚点，继续将鼠标指针移到合适位置单击鼠标左键以添加第 3 个锚点，即可绘制圆弧形路径，如图 8-13 所示。

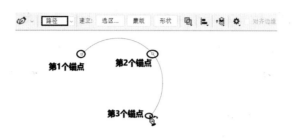

图 8-13　绘制圆弧形路径

 小贴士

　　　使用"自由钢笔工具" ✍和"弯度钢笔工具" ✍可以直接创建形状，其操作方法与使用"钢笔工具" ✍创建形状的方法完全相同，此处不再赘述。

8.1.4　课堂讲解——形状工具

　　　形状工具包括"矩形工具" □、"圆形工具" ○、"多边形工具" ⬡、"三角形工具" △、"直线工具" ╱ 和"自定形状工具" ✿，使用这些工具可以绘制路径、形状和像素。

1. "矩形工具"

　　　"矩形工具" □可以用于绘制矩形和圆角矩形的路径、形状及像素，其设置与"钢笔工具" ✍的基本相同，只是其工具模式增加了"像素"选项，如图 8-14 所示。

图 8-14　"矩形工具"选项栏

　　　所谓"像素"模式，其实就是使用前景色填充的矢量图形。在绘制时可以设置模式和不透明度，也可以在选项栏右侧设置矩形的圆角半径，绘制具有圆角效果的矩形，如图 8-15 所示。

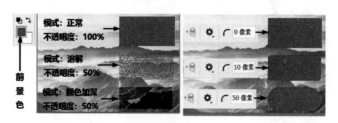

图 8-15　绘制矩形

另外，单击选项栏右侧的"设置其他形状和路径"✿按钮，在"路径选项"对话框中不仅可以设置路径的粗细和颜色，还可以设置矩形的绘制方式，如图8-16所示。

2."圆形工具"和"三角形工具"

"圆形工具"◯可以用于绘制圆形和椭圆形的路径、形状及像素，而"三角形工具"△则可以用于绘制三角形的路径、形状及像素。这两个工具的设置和绘制方法与"矩形工具"▢的完全相同，此处不再赘述。单击选项栏右侧的"设置其他形状和路径"✿按钮，在"路径选项"对话框中可以设置路径的粗细、颜色，以及绘制方式，如图8-17所示。

图8-16　设置矩形的绘制方式　　　　图8-17　设置圆形和三角形的绘制方式

3."多边形工具"、"自定形状工具"与"直线工具"

"多边形工具"⬡可以用于绘制多边形和星形的路径、形状及像素，其设置和绘制方法与"矩形工具"的▢完全相同，此处不再赘述。另外，使用"多边形工具"⬡可以设置路径的粗细、颜色、绘制方式、边数和圆角半径，如图8-18所示。

"星形比例"决定了是星形还是多边形，当该比例为100%时就是一个多边形，当该比例小于100%时就是星形。而"圆角半径"可以设置多边形或星形的圆角效果,如果勾选"平滑星形缩进"复选框，则会使星形向内缩进，如图8-19所示。

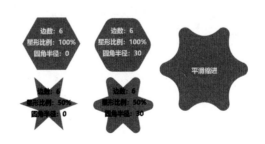

图8-18　设置多边形　　　　　图8-19　绘制多边形与星形

使用"直线工具"╱可以绘制直线路径、形状及像素，其设置与绘制方法与其他图形工具完全相同，此处不再赘述。当在"路径选项"对话框中勾选"起点"和"终点"复选框，并设置相关参数后，就可以绘制带有箭头的直线路径、形状或像素，如图8-20所示。

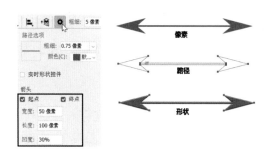

图 8-20　绘制直线

"自定形状工具" 可以通过系统预设的各种形状绘制路径、形状及像素，单击选项栏右侧的"形状"按钮，选择系统预设的自定形状进行绘制，其方法与"矩形工具" 的相同，此处不再赘述，如图 8-21 所示。

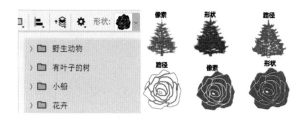

图 8-21　绘制自定形状

小贴士

　　在使用形状工具时，除了在"路径选项"对话框中进行相关设置，还可以在"创建"对话框中进行相关设置。例如，激活"矩形工具" ，在其选项栏中选择工具模式，在图像中单击鼠标左键在弹出的"创建矩形"对话框中设置矩形的"宽度"和"高度"，以及圆角"半径"等，单击"确定"按钮，即可在图像上创建矩形路径、形状或像素，如图 8-22 所示。

图 8-22　"创建矩形"对话框

8.2　调整路径与形状

　　绘制路径和形状后，可以对路径和形状进行调整，以改变路径和形状的形态。本节将介绍调整路径与形状的相关知识。

8.2.1　课堂讲解——转换路径锚点属性

路径的锚点是决定路径形态的主要因素，当路径锚点为直线属性时，路径为直线形态；当路径锚点为曲线属性时，路径为曲线形态，而曲线路径又包括平滑角曲线和转角曲线。用户可以根据需要，使用"转换点工具" ⊥ 改变路径锚点的属性，从而达到调整路径的目的。

1. 将曲线属性锚点转换为直线属性锚点

新建图像文件并使用"钢笔工具" ⊘ 绘制一段包含直线属性锚点和曲线属性锚点的路径，如图 8-23 所示。

在工具箱中长按"钢笔工具" ⊘ 按钮，在弹出的隐藏工具条中选择"转换点工具" ⊥，在曲线属性锚点上单击鼠标左键，即可将曲线属性锚点转换为直线属性锚点，如图 8-24 所示，同时曲线路径变为直线路径。

图 8-23　绘制路径　　　　　　　图 8-24　将曲线属性锚点转换为直线属性锚点

2. 将直线属性锚点转换为平滑角曲线属性锚点

使用"转换点工具" ⊥ 在直线属性锚点上按住鼠标左键进行拖动，锚点两端出现调节杆，可以将直线属性锚点转换为平滑角曲线属性锚点，如图 8-25 所示。继续按住鼠标左键进行拖动，通过锚点两端的调节杆调整曲线路径。

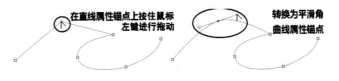

图 8-25　将直线属性锚点转换为平滑角曲线属性锚点

3. 将平滑角曲线属性锚点转换为转角曲线属性锚点

将鼠标指针移到曲线属性锚点一端的调节杆上按住鼠标左键进行拖动，可以将平滑角曲线属性锚点转换为转角曲线属性锚点，并且一端的调节杆及其路径被调整，而另一端的调节杆和路径不受任何影响，如图 8-26 所示。

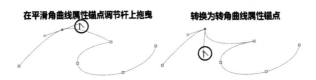

图 8-26　将平滑角曲线属性锚点转换为转角曲线属性锚点

8.2.2 课堂讲解——移动路径与锚点

锚点用于控制路径的形态，因此调整路径和锚点的位置，同样可以改变路径的形态。在工具箱中选择"路径选择工具" ，在路径上单击鼠标左键，路径和锚点同时被选中，锚点显示实心小方块，按住鼠标左键进行拖动，即可移动路径的位置，如图 8-27 所示。

长按"路径选择工具" 按钮，在弹出的隐藏工具条中选择"直接选择工具" ，在路径上单击鼠标左键，路径被选中，锚点显示空心小方块，同时曲线属性锚点显示调节杆，拖动调节杆可以调整路径形态，如图 8-28 所示。

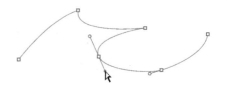

图 8-27　选中并移动路径　　　　　　　　　　图 8-28　选中并调整路径

将鼠标指针移到锚点上按住鼠标左键进行拖动，移动锚点的位置；将鼠标指针移到一段路径上按住鼠标左键进行拖动，即可移动该段路径的位置，如图 8-29 所示。

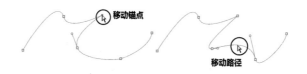

图 8-29　移动锚点和路径

8.2.3 课堂讲解——添加、删除锚点

有多种方法可以添加和删除路径上的锚点，以便调整路径形态。

1. 使用"钢笔工具"添加和删除锚点

勾选"钢笔工具" 选项栏中的"自动添加 / 删除"复选框，将鼠标指针移到路径的锚点上，鼠标指针下方出现"-"号，此时单击鼠标左键可以删除锚点；将鼠标指针移到路径上，鼠标指针下方出现"+"号，此时单击鼠标左键可以添加锚点，如图 8-30 所示。

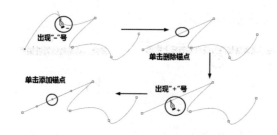

图 8-30　使用"钢笔工具"添加和删除锚点

2. 使用"添加锚点工具"和"删除锚点工具"添加和删除锚点

激活"添加锚点工具" ♦️,将鼠标指针移到锚点上,鼠标指针显示为"直接选择工具" ▶️,按住鼠标左键移动锚点;将鼠标指针移到路径上,鼠标指针下方出现"+"号,此时单击鼠标左键可以添加锚点,如图 8-31 所示。

图 8-31 添加锚点

激活"删除锚点工具" ♦️,将鼠标指针移到路径上,鼠标指针显示为"直接选择工具" ▶️,按住鼠标左键移动路径;将鼠标指针移到锚点上,鼠标指针下方出现"–"号,此时单击鼠标左键可以删除锚点,如图 8-32 所示。

图 8-32 删除锚点

 小贴士

形状的调整与路径完全相同,此处不再赘述,读者可以参阅路径的调整方法自己尝试操作。

8.2.4 课堂讲解——转换路径

用户可以将路径转换为选区、蒙版或形状。首先激活"钢笔工具" ♦️,绘制一段路径;然后单击其选项栏中的"选区"按钮,弹出"建立选区"对话框,设置"羽化半径"并单击"确定"按钮,将路径转换为选区,如图 8-33 所示。

图 8-33 建立选区

单击"蒙版"按钮,将路径转换为蒙版,如图 8-34 所示。

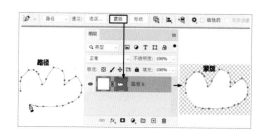

图 8-34　将路径转换为蒙版

单击"形状"按钮，将路径转换为形状，如图 8-35 所示。

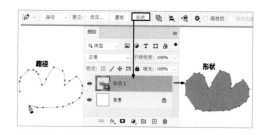

图 8-35　将路径转换为形状

8.2.5　课堂讲解——填充与描边路径

用户可以填充路径，或者沿路径描边。

1. 填充路径

绘制路径并单击鼠标右键，在弹出的快捷菜单中执行"填充路径"命令，弹出"填充路径"对话框，其设置和操作与"填充选区"对话框的完全相同，在选择填充内容、混合模式，并设置不透明度及羽化半径后，单击"确定"按钮，即可对路径进行填充，如图 8-36 所示。

图 8-36　填充路径

2. 描边路径

几乎所有的图像编辑工具都可以描边路径，因此在描边路径时，首先确定好描边工具（例如，选择"画笔工具" ✐）并设置前景色，然后打开"画笔设置"面板，选择画笔并设置画笔大小、硬度、间距、画笔笔尖形状等，如图 8-37 所示。

关闭"画笔设置"面板，切换到路径工具，在路径上单击鼠标右键，在弹出的快捷菜单中执行"描边路径"命令，弹出"描边路径"对话框，在"工具"下拉列表中选择描边工具，如选择"画笔工具" 作为描边工具，单击"确定"按钮进行描边，如图 8-38 所示。

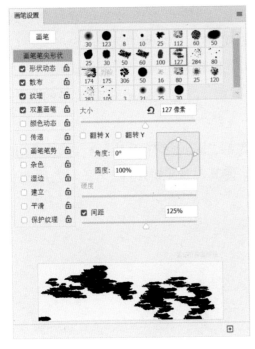

图 8-37　设置画笔

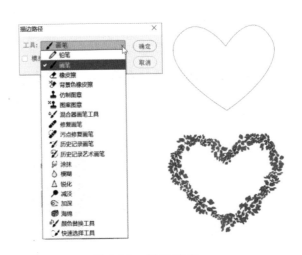

图 8-38　描边路径

📋 小贴士

　　打开"路径"面板，单击面板底部的"将路径作为选区载入" ⭕ 按钮，即可从路径转换为选区；单击"添加图层蒙版" ◼ 按钮，即可从路径转换为图层蒙版；单击"用画笔描边路径" ⭕ 按钮，即可使用画笔描边路径；单击"用前景色填充路径" ● 按钮，即可使用前景色填充路径；创建选区后，单击"从选区生成工作路径" ◇ 按钮，即可从选区转换为路径，如图 8-39 所示。

图 8-39　"路径"面板

🔬 综合实训——新婚请柬设计与制作

　　下面用前面章节所学知识，设计制作新婚请柬，同时对所学知识进行巩固，详细操作请观看视频讲解。

【操作提示】

（1）首先新建名为"新婚请柬"，"宽度"为 10 厘米，"高度"为 8 厘米，"分辨率"为 300 像素／英寸的 RGB 颜色模式的文件；然后新建图层 1，创建矩形选区并填充红色（R：232、G：0、B：0），新建图层 2，使用"直线工具" ＼绘制粗细为 5 像素的黄色（R：232、G：255、B：0）水平直线，将其进行多次复制并向下移动 10 个像素进行排列，制作黄色网线的背景效果；最后将除背景层之外的所有图层合并为新的图层 1，完成请柬背景效果的制作，如图 8-40 所示。

（2）新建图层 2，使用"钢笔工具" ✐ 绘制心形路径，激活"路径选择工具" ▶，按住"Alt"键的同时将心形路径向右拖动，复制出另一个心形路径，使其与原心形路径交叉，之后选中两个心形路径，将其进行合并，如图 8-41 所示。

图 8-40　请柬背景效果　　　　　　图 8-41　组合路径

（3）首先设置前景色为黑色，激活"画笔工具" ✐，将画笔大小设置为 35 像素，描边路径；然后按快捷键"Ctrl+T"添加自由变换框，将路径缩小 90%，再次进行描边，如图 8-42 所示。

图 8-42　描边路径（1）

（4）首先激活"横排文字工具" T，将文字颜色设置为黑色（R：0、G：0、B：0），字体设置为"CommercialScript BT"；然后在图像中输入"Love"文字内容，并将文字层与图层 2 合并；最后按住"Ctrl"键单击图层 2，即可载入选区。

（5）首先在"通道"面板中新建 Alpha 1 通道，并填充白色；然后将选区存储在 Alpha 2 通道中，取消选区，并使用"高斯模糊"滤镜进行模糊处理，使用"浮雕效果"滤镜制作浮雕效果，如图 8-43 所示。

图 8-43　填充颜色并制作浮雕效果

（6）返回 RGB 通道，执行"图像"→"应用图像"命令，在弹出的"应用图像"对话框中将"通道"设置为"Alpha 1"，"混合"设置为"滤色"，单击"确定"按钮，确认进行处理。

（7）首先载入 Alpha 2 的选区，并将其向外扩展 3 个像素；然后使用"色阶""曲线"命令进行调整，如图 8-44 所示。

（8）首先执行"色彩平衡"命令，在弹出的"色彩平衡"对话框中分别调整"阴影"、"中间调"和"高光"的参数，使其调整出金色颜色；然后反选并删除其他灰色背景，如图 8-45 所示。

图 8-44　调整曲线

图 8-45　调整色彩

（9）新建图层 3，首先将路径放大 120%，然后使用红色填充路径，最后将图层 3 和图层 2 合并为新的图层 2，并将其移到图像中间位置。

（10）在图像中间位置绘制矩形路径，再次新建图层 3，并沿心形图像对下方水平路径进行调整，之后激活"画笔工具" ，设置画笔间距并使用黑色对路径进行描边，如图 8-46 所示。

（11）首先将路径转换为选区，然后使用该选区将图层 1 中的图像复制到图层 4 中，最后载入图层 3 中描边路径的选区，将图层 4 上的内容删除，在图层 4 上制作出锯齿效果，并为图层 4 添加"投影"样式，效果如图 8-47 所示。

（12）向图像两侧添加"龙 .psd"和"凤 .psd"素材文件，使用黄色对这两个图像进行描边，并在图像下方位置输入黄色文字，完成新婚请柬的设计与制作，最终效果如图 8-48 所示。

图 8-46　描边路径（2）　　　　图 8-47　制作的锯齿效果　　　　图 8-48　新婚请柬最终效果

详细操作步骤见配套教学资源中的视频讲解。

表 8-1 所示为新婚请柬设计与制作的练习评价表。

表 8-1　新婚请柬设计与制作的练习评价表

练习项目	检查点	完成情况	出现的问题及解决措施
新婚请柬设计与制作	直线工具、钢笔工具、填充路径、描边路径	□完成　□未完成	
	路径选择工具、横排文字工具、颜色调整、通道、滤镜	□完成　□未完成	

8.3　输入文字与编辑文字

文字是图像中不可缺少的重要内容。Photoshop 提供了完善的文字输入工具，能满足用户对文字的各种输入要求。另外，用户也可以对输入的文字进行各种编辑、修改等操作，如修改文字的字体、文字大小、文字颜色等，还可以对文字进行变形，制作变形艺术文字。本节将介绍输入文字与编辑文字的相关知识。

8.3.1　课堂讲解——"横排文字工具"与"直排文字工具"

使用"横排文字工具" T 可以在图像中输入水平排列的文字、段落等文字内容；使用"直排文字工具" IT 可以输入垂直排列的文字或段落文字内容。

打开"素材"/"飞翔的鸟 .jpg"素材文件，激活"横排文字工具" T，在图像中单击鼠标左键，图像中出现闪动的光标，此时在图像中输入"飞翔的鸟"文字内容，同时新建文本层，如图 8-49 所示。

图 8-49　输入文字内容并新建文本层

在输入的文本上按住鼠标左键进行拖动，即可选中文字。在"横排文字工具" **T** 的选项栏中选择字体并设置文字大小，单击颜色按钮重新设置文字颜色等，单击 ✔ 按钮，完成文字的修改，如图 8-50 所示。

图 8-50　修改文字

激活"直排文字工具" **IT**，在图像右侧单击鼠标左键即可新建另一个文本层，在图像中输入"飞翔的鸟"文字内容的垂直文本，并依照修改横排文本的方法修改垂直文本，如图 8-51 所示。

图 8-51　输入并修改垂直文本

8.3.2　课堂讲解——"横排文字蒙版工具"与"直排文字蒙版工具"

"横排文字蒙版工具" 和"直排文字蒙版工具" 的操作方法与"横排文字工具" **T** 和"直排文字工具" **IT** 的相同。但是，使用"横排文字蒙版工具" 和"直排文字蒙版工具" 只能输入文字蒙版，不能新建文本层。

打开"素材"/"鸽子 .jpg"素材文件，激活"横排文字蒙版工具" ，在图像左上角位置单击鼠标左键，图像中出现闪烁的光标和蒙版，此时输入"鸽子"文字内容，没有新建文本层，如图 8-52 所示。

图 8-52　输入文字蒙版

在文本上按住鼠标左键进行拖动将其选中，并在"横排文字蒙版工具"⬚选项栏中修改字体和大小，单击✓按钮，完成文字蒙版的修改，如图 8-53 所示。

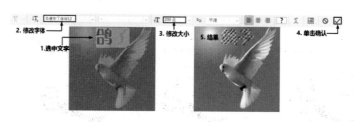

图 8-53　修改文字蒙版

输入文字蒙版后，可以向选区内填充颜色、渐变色和图案等，如图 8-54 所示。

图 8-54　填充颜色、渐变色和图案

📋 **小贴士**

　　使用"直排文字蒙版工具"⬚输入、修改文字蒙版的操作方法与使用"横排文字蒙版工具"⬚输入、修改文字蒙版的操作方法完全相同，此处不再赘述，读者可以参照"横排文字蒙版工具"⬚的操作方法自己尝试操作。

8.3.3　课堂讲解——沿路径输入文字

　　用户可以沿路径输入段落文字。首先创建路径，激活"横排文字工具"T，将鼠标指针移到路径一端，鼠标指针显示路径输入符号，此时单击并输入相关文字，使文本内容沿路径排列，如图 8-55 所示。

　　输入完成后，用户可以依照前面章节中修改文本的方法，对沿路径输入的文本进行字体、大小及颜色等修改。激活"直接选择工具"▶，调整路径的形态，此时文本的排列会随路径形态的变化而变化，如图 8-56 所示。

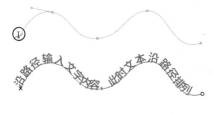

图 8-55　沿路径输入文本　　　　　　　　图 8-56　修改文本内容与调整路径形态

8.3.4　课堂讲解——编辑文本与格式化文本层

用户可以在选项栏中对文本进行简单的编辑，如果需要调整段落文本的行距、字距、字体宽度、高度、基线等，则需要在"字符"面板和"段落"面板中进行操作。

执行"窗口"→"字符"命令和"段落"命令，可以打开这两个面板，如图 8-57 所示。

图 8-57　"字符"面板和"段落"面板

选中要调整间距、行距、基线、颜色等文本内容，在这两个面板中可以单独对选中的文本内容进行编辑，如图 8-58 所示。

图 8-58　编辑文本

另外，输入文本后生成的图层被称为文本层。这类图层对文本有保护作用，许多编辑命令和滤镜命令不能直接对文本层进行编辑，只有将文本层格式化为一般图层后才能使用这些命令。

格式化文本层的操作非常简单，激活文本层，执行"图层"→"格式化"→"文本"命令，或者在文本层单击鼠标右键，在弹出的快捷菜单中执行"格式化文字"命令，将文本层格式化为一般图层，格式化后的图层，其文字符号会消失，如图 8-59 所示。

图 8-59　格式化文本层

8.3.5　课堂讲解——文本变形

用户可以对段落文本进行变形处理，使其形成一种特殊的排列效果。首先选中要变形的段落文本，单击选项栏中的"创建文字变形" 按钮，弹出"变形文字"对话框，在其"样式"下拉列表中选择变形方式，并设置其参数，对文本进行变形处理，效果如图 8-60 所示。

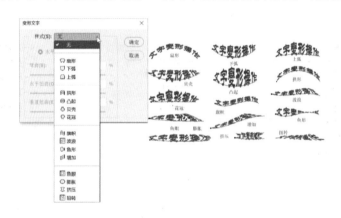

图 8-60　文本变形效果

综合实训——"母亲节"贺卡设计

下面用前面章节所学知识，设计并制作"母亲节"贺卡，同时对所学知识进行综合练习，详细操作请观看视频讲解。

【操作提示】

1. 处理图像背景

（1）新建"宽度"为15厘米，"高度"为5厘米，"分辨率"为300像素/英寸，"背景内容"为白色（R：255、G：255、B：255），名为"母亲节贺卡设计"的图像文件。

（2）激活"渐变工具" ，设置一种从浅蓝色（R：134、G：209、B：222）到白色（R：255、G：255、B：255）再到紫红色（R：239、G：100、B：155）的渐变色，在背景层中由左上角到右下角填充线性渐变色，如图 8-61 所示。

图 8-61　填充渐变色

（3）新建图层1，使用"钢笔工具" ⬭ 创建一段非闭合的路径，之后激活"画笔工具" ✐，将画笔大小设置为1像素，使用白色对路径进行描边，如图8-62所示。

（4）首先将路径暂时隐藏，按住"Ctrl"键的同时单击图层1，载入描边路径的选区；然后执行"编辑"→"定义画笔预设"命令，将描边路径定义为画笔；最后取消选区并将图层1删除。

（5）再次新建图层1，将前景色设置为白色（R:255、G:255、B:255），激活"画笔工具" ✐，为其选择定义的画笔，并将"间距"设置为4%，在图层1中按住鼠标左键进行随意拖动，即可绘制白色网纹图案，如图8-63所示。

图 8-62　描边路径　　　　　图 8-63　绘制网纹图案

2. 处理人物图像并添加配景文件

（1）打开"素材"/"照片15.jpg"素材文件，先使用"表面模糊"滤镜进行模糊处理，再将其复制并设置"滤色"模式，最后通过"色彩平衡"命令调整图像颜色，如图8-64所示。

（2）将图像合并，使用"钢笔工具" ⬭ 沿女孩图像创建路径，之后将路径转换为选区以选取女孩图像，并将女孩图像移到新建文件中，如图8-65所示。

图 8-64　处理女孩图像　　　　　图 8-65　添加女孩图像

（3）添加"素材"目录下的"花01.jpg"和"花02.jpg"素材文件，将两个花图像选中并分别移到女孩手中和右下方位置，图像生成图层2和图层3，如图8-66所示。

图 8-66　添加花图像

（4）激活女孩手中花所在的图层，通过"动感模糊"命令进行模糊处理；选取花朵中的一个花瓣图像，将其定义为画笔；将前景色设置为红色（R：255、G：0、B：0），背景色设置为白色（R：255、G：255、B：255），激活"画笔工具" ，选择定义的花瓣画笔，在"画笔设置"面板中将画笔的"间距"设置为250%，勾选"形状动态"复选框，将"大小抖动"设置为50%，在"控制"列表中选择"渐隐"选项，并将其设置为20，将"最小直径"设置为0%，"角度抖动"设置为40%，其他选项保持默认设置。

（5）在"画笔设置"面板中勾选"散布"复选框，并将其设置为100%；在"控制"列表选择"渐隐"选项，并将其设置为20，将"数量"设置为1，"数量抖动"设置为0%，其他选项保持默认设置。

（6）在"画笔设置"面板中勾选"颜色动态"选项，将"前景/背景抖动"设置为20%，在"控制"列表中选择"渐隐"选项，并将其设置为20，将"色相抖动"与"饱和度抖动"均设置为20%，其他选项保持默认设置，在新的图层中按住鼠标左键向右拖动，绘制飘散的花瓣，使用"动感模糊"命令对绘制的花朵进行动感模糊处理，效果如图8-67所示。

图 8-67　绘制飘洒的花朵效果

（7）在图像右侧绘制路径，选择定义花瓣的画笔对路径进行描绘，将其复制并水平翻转，制作出心形花环，如图8-68所示。

图 8-68　制作心形花环

（8）打开"照片17.jpg"素材文件，将其移到当前图像中并放在心形花环的位置，将心形花环之外的图像选中并删除，如图8-69所示。

（9）首先使用"钢笔工具" 在图像中创建路径，然后沿路径输入相关文字内容，并对文字添加"描边"和"阴影"样式，如图8-70所示。

图 8-69　添加照片

图 8-70　沿路径输入文字

（10）首先在图像上方绘制路径并沿路径输入文字，在图像下方绘制心形路径并填充颜色；然后在心形路径中间位置输入"感恩母亲"文字内容；最后添加"蝴蝶.jpg"素材文件，完成该贺卡的设计与制作，最终效果如图 8-71 所示。

图 8-71　"母亲节"贺卡最终效果

表 8-2 所示为"母亲节"贺卡设计的练习评价表。详细操作步骤见配套教学资源中的视频讲解。

表 8-2　"母亲节"贺卡设计的练习评价表

练习项目	检查点	完成情况	出现的问题及解决措施
花季少女	钢笔工具、转换点工具、描边路径、画笔设置	□完成　□未完成	
	渐变填充、滤镜命令、横排文字工具、沿路径输入	□完成　□未完成	

知识巩固与能力拓展

1. 填空题

（1）路径包括两部分内容，分别是（　　）和（　　）。

（2）路径锚点包括（　　）和（　　）。

（3）在曲线路径中，锚点包括（　　）锚点和（　　）锚点。

（4）"钢笔工具" ⌀ 除了可以创建路径，还可以创建（　　）。

（5）使用"钢笔工具" ⌀ 创建路径后，可以将其转换为（　　）、（　　）和（　　）。

（6）使用"钢笔工具" ⌀ 创建形状时，默认填充色是（　　）。

（7）形状工具除了可以创建路径与形状，还可以创建（　　）。

2. 选择题

（1）在下列选项中，只能移动路径的工具是（　　）。

A. ⊹　　B. ▸　　C. ⊳　　D. ▸

（2）在下列选项中，可以转换路径锚点属性的工具是（　　）。

A. ⊹ 　　B. ▸ 　　C. ◸ 　　D. ▸

（3）在下列选项中，既可以移动路径，又可以移动锚点，还可以调整路径曲线的工具是
（　　）。

A. ⊹ 　　B. ▸ 　　C. ◸ 　　D. ▸

（4）在输入文本时，用于自动创建文本层的文字工具是（　　）。

A."横排文字工具" T

B."直排文字工具" IT

C."横排文字蒙版工具" ▦

D."直排文字蒙版工具" ▦

（5）在输入文本时，用于设置文字颜色的文字工具是（　　）。

A."横排文字工具" T

B."直排文字工具" IT

C."横排文字蒙版工具" ▦

D."直排文字蒙版工具" ▦

3．操作题——制作霓虹灯文字效果

根据前面章节所学知识，制作霓虹灯文字效果，如图 8-72 所示。

图 8-72　霓虹灯文字效果

操作提示：

（1）新建文件并新建图层 1，并使用"横排文字蒙版工具" ▦ 输入文字蒙版。

（2）将文字蒙版转换为路径，分别使用不同大小的画笔和不同的颜色对路径进行描边，
或者直接对文本蒙版使用不同的颜色和描边宽度，以"居中"方式进行描边，制作出颜色叠
加的文字效果。

（3）将制作的霓虹灯文字进行复制，对下方的霓虹灯文字进行"径向模糊"的滤镜处理，
制作出光晕效果。

通道与蒙版 第 9 章

本章的主要任务是学习 Photoshop 中通道与蒙版的相关知识，具体内容包括通道的基本操作与应用（例如，了解内建通道、Alpha 通道、专色通道，复制、粘贴通道，分离、合并通道等），以及应用蒙版（图层蒙版、快速蒙版）的相关知识。

知识学习目标

- 了解内建通道。
- 掌握新建 Alpha 通道的方法。
- 掌握复制、粘贴通道的方法。
- 掌握分离、合并通道的方法。
- 掌握创建与应用图层蒙版编辑图像的方法。
- 掌握创建快速蒙版并编辑图像的方法。

技能实践目标

- 能够新建并应用 Alpha 通道，以编辑图像。
- 能够拆分、合并通道，以编辑图像。
- 能够使用图层蒙版、快速蒙版，以编辑图像。

9.1 通道的基本操作与应用

在 Photoshop 中，通道类似于印刷术中彩色网片的重叠效果，其主要作用是存储图像的颜色信息。不同颜色模式的图像，采用不同数量的通道来记录图像的颜色信息，而每个单色通道都记录着单色的颜色信息。将这些通道套上所属的颜色重叠起来就是一个全彩色的图像。

在 Photoshop 中，有 3 种类型的通道，分别为内建通道、Alpha 通道和专色通道，并且所有通道的运作过程都在"通道"面板中进行。本节将介绍通道的基本操作与应用的相关知识。

9.1.1 课堂讲解——了解内建通道

在 Photoshop 中，内建通道是指图像本身自带的通道，用来保存图像的颜色信息。因此，不同颜色模式的图像，其内建通道是不一样的。

例如，我们常见的 RGB 颜色模式的图像有 4 个通道，分别为一个 RGB 综合颜色通道和红、绿、蓝 3 个单色通道，如图 9-1 所示。

图 9-1 RGB 颜色模式图像的通道

CMYK 颜色模式的图像有 5 个通道，分别为"CMYK"、"青色"、"洋红"、"黄色"和"黑色"。其中，"CMYK"通道代表其他 4 个通道重叠在一起的总和，也被称为综合颜色通道，而"青色""洋红""黄色""黑色"4 个通道分别代表青色颜色通道、洋红颜色通道、黄色颜色通道和黑色颜色通道，如图 9-2 所示。

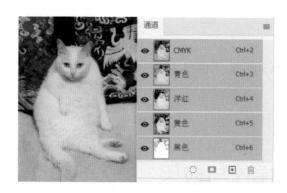

图 9-2 CMYK 颜色模式图像的通道

在所有内建通道中，一个通道保存图像的一种颜色信息，当隐藏某一个通道后，图像将显示其他通道的颜色效果。

例如，在 RGB 颜色模式的图像中，"红""绿""蓝"3 个通道分别保存了图像的红色、绿色和蓝色信息。如果单击"红"通道前的"指示通道可见性" ◉ 按钮，则该按钮消失，此通道被隐藏。此时，图像只显示蓝色和绿色的颜色信息。使用相同的方法只隐藏"绿"通道，图像将显示红色和蓝色的颜色信息；只隐藏蓝色通道，图像将显示红色和绿色的颜色信息。如果隐藏"绿"通道和"蓝"通道，则图像只显示"红"通道的颜色信息，效果如图 9-3 所示。

图 9-3　隐藏通道后的图像颜色效果

但是，如果删除一个通道，则图像只保留其余通道的颜色信息，并且该图像也会转换为多通道模式图像。例如，在"红"通道上单击鼠标右键，在弹出的快捷菜单中执行"删除通道"命令，删除该"红"通道，此时图像只保留"绿"通道和"蓝"通道的颜色信息，并且图像将自动转换为多通道模式图像，如图9-4所示。

图 9-4　删除通道

如果复制一个通道，则相当于为该图像又覆盖了一层颜色，会增加该通道的颜色信息。例如，在"红"通道上单击鼠标右键，在弹出的快捷菜单中执行"复制通道"命令，复制"红"通道，此时图像颜色信息中加入更多该通道的颜色信息，如图9-5所示。

图 9-5　复制通道

小贴士

执行"窗口"→"通道"命令，打开"通道"面板，单击各通道前面的"指示通道可见性"👁️按钮，使该按钮消失，即该通道被隐藏。再次在通道前面的空白位置处单击，出现"指示通道可见性"👁️

按钮,则该通道取消隐藏。首先单击一个通道将其选中,然后单击"通道"面板底部的"删除当前通道" 按钮,即可将当前通道删除。按住鼠标左键将通道拖到"通道"面板底部的"创建新通道" 按钮上,释放鼠标左键,即可复制该通道。

9.1.2 课堂实训——通过内建通道调整图像的春季和冬季景色效果

内建通道用于存储图像的颜色信息,因此用户可以通过内建通道调整图像的颜色效果。打开"素材"/"风景06.jpg"素材文件,这是一幅秋季的风景图像,如图9-6所示。下面使用内建通道将该图像调整为春季和冬季的景色效果,如图9-7所示,并通过该案例学习内建通道在图像处理中的应用技巧。

图9-6 打开"风景06.jpg"素材文件

图9-7 图像的春季与冬季景色效果

【操作步骤】

1. 调整图像的春季景色效果

（1）执行"图像"→"模式"→"CMYK颜色"命令,在弹出的对话框中直接单击"确定"按钮,将图像转换为CMYK颜色模式,之后按快捷键"Ctrl+J"复制背景层。

（2）执行"图像"→"调整"→"通道混合器"命令,在弹出的"通道混合器"对话框中将"输出通道"设置为"青色",并在"源通道"选区中将"青色"设置为+200%,"洋红"设置为+200%,"黄色"设置为+50%,"黑色"设置为0%,"常数"设置为-100%,效果如图9-8所示。

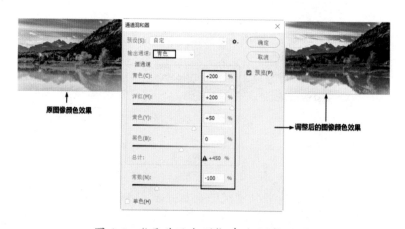

图9-8 "通道混合器"命令调整效果

（3）单击"确定"按钮，调整出图像的春季景色效果。

2．调整图像冬季景色效果

（1）将调整后的背景拷贝层隐藏，按快捷键"Ctrl+J"复制背景层，即背景拷贝2层。

（2）执行"通道混合器"命令，将"输出通道"设置为"黄色"，并在"源通道"选区中将"青色"设置为 -200%，"洋红"设置为 -200%，"黄色"设置为 -200%，"黑色"设置为 -200%，"常数"设置为 -200%，效果如图9-9所示。

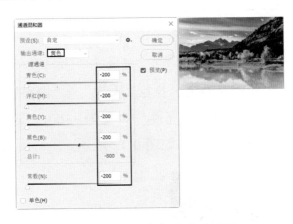

图 9-9　调整黄色通道的效果

（3）继续在"通道混合器"对话框中将"输出通道"设置为"洋红"，并在"源通道"选区中将"青色"设置为 0%，"洋红"设置为 -200%，"黄色"设置为 0%，"黑色"设置为 0%，"常数"设置为 0%，效果如图9-10所示。

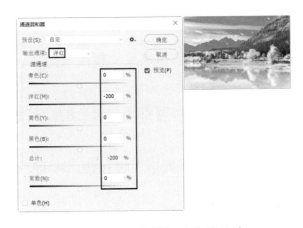

图 9-10　调整洋红通道的效果

（4）继续在"通道混合器"对话框中将"输出通道"设置为"青色"，并在"源通道"选区中将"青色"设置为 +100%，"洋红"设置为 -50%，"黄色"设置为 +20%，"黑色"设置为 +200%，"常数"设置为 -20%，效果如图9-11所示。

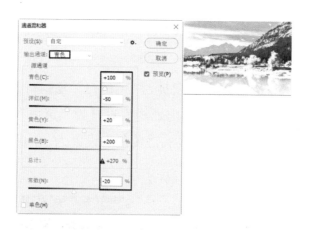

图 9-11 调整青色通道的效果

（5）单击"确定"按钮，关闭该对话框。执行"图像"→"调整"→"亮度 / 对比度"命令，在弹出的"亮度 / 对比度"对话框中将"亮度"设置为 -100，"对比度"设置为 100，单击"确定"按钮，完成冬季图像效果的调整，如图 9-12 所示。

图 9-12 "亮度 / 对比度"命令调整效果

9.1.3 课堂讲解——Alpha 通道

用户在编辑图像时可以新增一些附加的通道来实现图像的某一个特殊效果，这些附加的通道就被称为 Alpha 通道。

Alpha 通道主要是用来存储图像选区和调整图像颜色的。在 Photoshop 中，用户可以通过以下两种方法来新建 Alpha 通道。

方法一：单击"通道"面板的"创建新通道" □ 按钮，即可新建名为"Alpha 1"的通道，如图 9-13 所示。

图 9-13 新建"Alpha 1"通道

方法二：单击"通道"面板右上方的按钮，在弹出的面板菜单中执行"新建通道"命令，打开"新建通道"对话框，如图 9-14 所示。

图 9-14　打开"新建通道"对话框

在"名称"输入框中输入通道名称，如输入"Alpha 2"，单击"确定"按钮，即可新建"Alpha 2"通道，如图 9-15 所示。

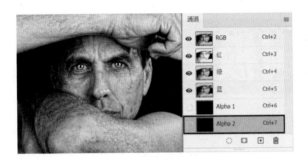

图 9-15　新建"Alpha 2"通道

9.1.4　课堂实训——利用 Alpha 通道制作铜板刻字的文字效果

利用图像的 Alpha 通道可以制作图像的特殊效果，以及特效文字。本节通过 Alpha 通道来制作一个铜板刻字的文字效果。

【操作步骤】

（1）新建图像文件，选择合适的字体，在图像上输入任意颜色的"铜板刻字"文字内容。

（2）载入文字的选区，单击"通道"面板底部的"创建新通道" 按钮，新建"Alpha 1"通道，并向"Alpha 1"通道的文字选区中填充白色。

（3）单击"通道"面板底部的"将选区存储为通道" 按钮，将文字选区存储到"Alpha 2"通道中，如图 9-16 所示。

图 9-16　填充颜色并存储选区

（4）按快捷键"Ctrl+Shift+I"反选选区，执行"滤镜"→"杂色"→"添加杂色"命令，在弹出的"添加杂色"对话框中将"数量"设置为100%，单击"确定"按钮，确认添加杂色，按快捷键"Ctrl+D"取消选区，如图9-17所示。

图9-17　反选并填充杂色

（5）继续执行"滤镜"→"模糊"→"高斯模糊"命令，在弹出的"高斯模糊"对话框中将"半径"设置为3.0像素，单击"确定"按钮，完成高斯模糊处理，如图9-18所示。

图9-18　高斯模糊处理

（6）返回RGB通道，将文字层删除，执行"滤镜"→"渲染"→"光照效果"命令，在"属性"面板中选择"点光"类型，将"颜色"设置为橙色（R：255、G：195、B：0），"强度"设置为35，"着色"设置为红色（R：255、G：0、B：0），"曝光度"设置为15，"光泽"和"金属质感"均设置为100，"环境"设置为0，"纹理"设置为"Alpha 1"，"高度"设置为100，制作出金属质感的文字效果，如图9-19所示。

图9-19　光照效果设置

（7）在选项栏中单击"确定"按钮，完成光照效果的制作。在"Alpha 2"通道中载入文字的选区，执行"选择"→"修改"→"扩展"命令，将选区扩大3个像素。

（8）激活"移动工具" ，在按住"Ctrl+Alt"键的同时，按向上和向左的方向键各 5 次，对文字进行移动复制，以加强其立体效果，按快捷键"Ctrl+D"取消选区，完成铜板刻字的制作，效果如图 9-20 所示。

图 9-20　铜板刻字的文字效果

9.1.5　课堂讲解——专色通道

专色是指印刷时在印刷物上添加特殊色，如金色、银色等。在一般情况下，四色印刷的元素只有 4 种颜色的网点，有许多颜色无法印出，必须使用一种专色，而专色通道可以让用户直接在 Photoshop 中输出这些专色，不需要大费周折地通过另外制作灰度色阶的通道来制作专色效果。

专色在输出时必须占用自己的一个通道，所以在制作时也必须新增一个专色通道来存放专色印刷的油墨浓度、印刷范围等。

【操作步骤】

（1）单击"通道"面板右上方的 按钮，在弹出的面板菜单中执行"新建专色通道"命令，打开"新建专色通道"对话框，如图 9-21 所示。

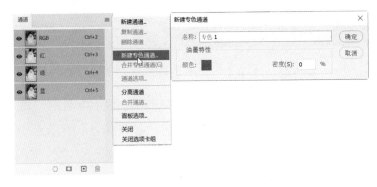

图 9-21　打开"新建专色通道"对话框

（2）在"名称"输入框中输入专色名称，以便应用程序识别。

（3）单击颜色按钮，在弹出的"拾色器（专色）"对话框中设置专色颜色。

（4）在"密度"输入框中设置油墨浓度（数值越大表示专色浓度越大，专色将覆盖原图像颜色），单击"确定"按钮，新建专色通道，如图 9-22 所示。

图 9-22　新建专色通道

在一般情况下，专色通道不太常用，此处不再详细讲解，对此感兴趣的读者可以参阅其他书籍中有关专色通道的详细讲解。

9.1.6　课堂实训——通过复制、粘贴通道调整图像颜色

用户可以将原图像中的任意一个通道进行复制，以得到图像的特殊颜色效果，也可以将其他图像的通道复制并粘贴到另一个图像的通道中，得到两个图像颜色的混合效果。

【操作步骤】

1. 通过复制自身通道来调整图像颜色

打开"素材"/"云海.jpg"素材文件，下面通过复制该图像自身的通道来调整图像的颜色，如图 9-23 所示。

图 9-23　通过复制自身通道来调整图像颜色

（1）在"通道"面板中激活"红"通道，按住鼠标左键将其拖到"通道"面板底部的"创建新通道" ⊞ 按钮上，释放鼠标左键将其进行复制，如图 9-24 所示。

图 9-24　复制红色通道

（2）返回 RGB 通道，并打开复制的"红 拷贝"通道，此时发现图像颜色发生了变化，如图 9-25 所示。

图 9-25　复制红色通道后的图像颜色

（3）使用相同的方法，将绿色和蓝色通道也进行复制，并返回 RGB 通道，再次调整图像的颜色，如图 9-26 所示。

图 9-26　复制蓝色和绿色通道后的图像颜色

2：通过复制并粘贴其他图像的通道来调整图像颜色

打开"素材"/"风景 03.jpg"素材文件，将云海图像的红色通道复制并粘贴到风景图像的"Alpha 1"通道中，以调整风景图像的颜色，效果如图 9-27 所示。

图 9-27　通过复制并粘贴其他图像的通道来调整图像颜色

（1）在"通道"面板中将云海图像的"红"通道激活，按快捷键"Ctrl+A"将该通道选中，再按快捷键"Ctrl+C"将该通道复制，如图 9-28 所示。

图 9-28　选择并复制红色通道

（2）激活"风景 03.jpg"素材文件，单击"通道"面板底部的"创建新通道"⊞按钮，新建"Alpha 1"通道，按快捷键"Ctrl+V"将复制的云海图像的红色通道粘贴到"Alpha 1"通道中，如图 9-29 所示。

图 9-29　新建 Alpha 通道并粘贴

（3）返回 RGB 通道，完成对风景图像的颜色调整，效果如图 9-27 所示。

9.1.7　课堂实训——通过分离与合并通道调整图像颜色

用户可以将图像的通道从图像中分离出来，产生多个灰度图像。在对这些灰度图像进行颜色调整后，将这些通道重新合并，从而得到另一种颜色效果的图像。

打开"雪景 .jpg"素材文件，下面通过分离与合并通道的操作，调整该图像的颜色，效果如图 9-30 所示。

图 9-30　通过分离与合并通道调整图像颜色

【操作步骤】

（1）单击"通道"面板右上方的 ![] 按钮，在弹出的面板菜单中执行"分离通道"命令，将图像的通道分离，得到"雪景.jpg_红""雪景.jpg_绿""雪景.jpg_蓝"3 幅灰度图像，如图 9-31 所示。

图 9-31　分离通道后得到的 3 幅灰度图像

（2）分别执行"图像"→"调整"→"亮度/对比度"命令，对这 3 幅灰度图像的亮度和对比度进行调整，效果如图 9-32 所示。

图 9-32　"亮度/对比度"命令调整效果

（3）激活任意一幅灰度图像，单击"通道"面板右上方的 ![] 按钮，在弹出的面板菜单中执行"合并通道"命令，弹出"合并通道"对话框，如图 9-33 所示。

（4）在"模式"下拉列表中有 4 种合并图像的模式供用户选择，分别为"RGB 颜色"模式、"CMYK 颜色"模式、"Lab 颜色"模式和"多通道"模式。如果在通道中加入了 Alpha 通道，则需要选择"多通道"模式，这样才能将 Alpha 通道一并合并。

（5）此处我们在"模式"下拉列表中选择"RGB 颜色"模式，其他选项保持默认设置，单击"确定"按钮，系统将弹出"合并 RGB 通道"对话框，如图 9-34 所示。

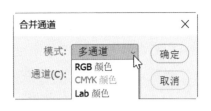

图 9-33 "合并通道"对话框　　　　图 9-34 "合并 RGB 通道"对话框

（6）单击"确定"按钮，通过合并通道调整图像颜色，效果如图 9-30 所示。

 小贴士

用户除了可以对图像原有的通道进行合并，还可以将 Alpha 通道和专色通道合并到原通道中，但合并之后的图像将变为"多通道"模式图像。

综合实训——美白肌肤

打开"素材"/"照片 08.jpg"素材文件，这是一幅女士的照片，该照片中女士的皮肤比较粗糙，并有许多暗沉色斑，如图 9-35 所示。下面利用通道来对女士的皮肤进行处理，使女士的皮肤更加光滑细嫩，尽显年轻美貌，效果如图 9-36 所示。详细操作请观看视频讲解。

图 9-35 原照片　　　　　　图 9-36 处理后的照片效果

【操作提示】

（1）在"通道"面板中分别进入"红"通道、"绿"通道和"蓝"通道，发现女士面部都有不同程度的暗沉色斑，如图 9-37 所示。

图 9-37 在各通道中女士面部的色斑效果

（2）分别进入"红"通道、"绿"通道和"蓝"通道，执行"滤镜"→"模糊"→"表面模糊"命令，根据 3 个通道中图像的效果，通过设置不同的参数对 3 个通道进行模糊处理，如图 9-38 所示。

图 9-38　模糊处理通道

（3）分别进入"红"通道、"绿"通道和"蓝"通道，执行"滤镜"→"锐化"→"智能锐化"命令，根据 3 个通道中图像的模糊程度，通过设置相同的参数对 3 个通道进行锐化处理，使图像变得清晰，如图 9-39 所示。

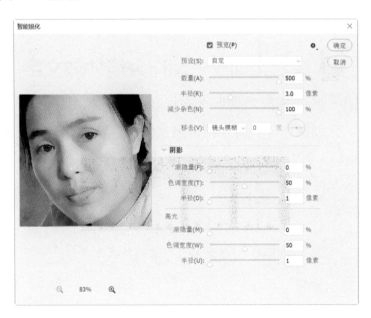

图 9-39　智能锐化

（4）返回 RGB 通道，发现女士的皮肤颜色有点偏黄，执行"图像"→"调整"→"通道混合器"命令，在"输入通道"下拉列表中分别进入"红"通道、"绿"通道和"蓝"通道，将"红"通道的"常数"设置为 +20%、"绿"通道的"常数"设置为 +5%，"蓝"通道的"常数"设置为 +40%，其他选项保持默认设置，调整人物肤色，如图 9-40 所示。

模糊和锐化效果　　设置"红"通道的"常数"　　设置"绿"通道的"常数"　　设置"蓝"通道的"常数"

图 9-40　"通道混合器"命令调整效果

（5）执行"滤镜"→"Camera Raw 滤镜"命令，在弹出的"Camera Raw15.3"对话框中对照片的清晰度、杂色、细节，以及色调等进行处理，直到满意为止，最终效果如图 9-36 所示。

详细操作步骤见配套教学资源中的视频讲解。

表 9-1 所示为美白肌肤的练习评价表。

表 9-1　美白肌肤的练习评价表

练习项目	检查点	完成情况	出现的问题及解决措施
美白肌肤	调整通道、模糊通道、锐化通道	□完成　□未完成	
	通道混合器、智能锐化	□完成　□未完成	

综合实训——制作火焰特效文字

下面使用通道制作一个"熊熊烈火"火焰特效文字，如图 9-41 所示，再次对通道的应用技巧进行巩固练习，详细操作请参阅视频讲解文件。

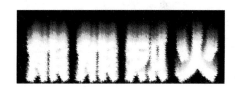

图 9-41　"熊熊烈火"火焰特效文字

【操作提示】

（1）新建白色背景的图像文件，首先输入文字内容为"熊熊烈火"的黑色文字；然后在按住"Ctrl"键的同时单击文字层，即可载入选区；最后打开"通道"面板，新建"Alpha 1"通道，并向选区填充白色，如图 9-42 所示。

图 9-42　新建"Alpha 1"通道并填充白色

（2）取消选区，先执行"图像"→"图像旋转"→"逆时针 90°"命令将图像逆时针旋转 90°，再执行"滤镜"→"风格化"→"风"命令对文字连续 3 次从右向左进行吹风，效果如图 9-43 所示。

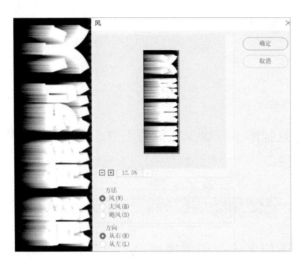

图 9-43 "风"命令调整效果

（3）将画布以顺时针 90°进行旋转，执行"滤镜"→"扭曲"→"波纹"命令，在弹出的"波纹"对话框中将"数量"设置为 999%，制作出火焰的效果，如图 9-44 所示。

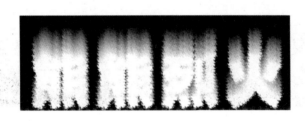

图 9-44 "波纹"命令调整效果

（4）首先分别执行"图像"→"模式"→"灰度"命令和"索引颜色"命令，将图像先转换为灰度模式，再转换为索引颜色模式；然后执行"图像"→"模式"→"颜色表"命令，在弹出的"颜色表"对话框中选择"黑体"选项，制作出火焰效果，完成"熊熊烈火"火焰特效文字的制作，效果如图 9-41 所示。

详细操作步骤见配套教学资源中的视频讲解。

表 9-2 所示为制作火焰特效文字的练习评价表。

表 9-2 制作火焰特效文字的练习评价表

练习项目	检查点	完成情况	出现的问题及解决措施
制作火焰特效文字	Alpha 通道	□完成 □未完成	
	图像模式	□完成 □未完成	

小贴士

制作完成的火焰特效文字是索引颜色模式的图像，不能直接将其应用到 RGB 颜色模式的图像中，需要执行"图像"→"模式"→"RGB 颜色"命令，将该图像转换为 RGB 颜色模式的图像，这样就可以将其应用到 RGB 颜色模式的图像中了。

9.2　应用蒙版

蒙版是图像合成与特效制作不可缺少的重要工具，包括图层蒙版和快速蒙版两种。本节将介绍应用蒙版的相关知识。

9.2.1　课堂实训——使用图层蒙版制作蒙太奇照片效果

图层蒙版就像覆盖在图层上的一层玻璃片，在白色作用下使图像处于完全不透明状态，在黑色作用下使图像处于完全透明状态，而在灰色作用下使图像处于半透明状态。例如，在图层 1 的图层蒙版上填充黑色到白色的渐变色，此时处于黑色区的琵琶图像完全透明，处于灰色区的琵琶图像半透明，而处于白色区的琵琶图像则完全不透明，如图 9-45 所示。

图 9-45　图层蒙版效果

用户可以激活除背景层之外的其他任意图层，单击"图层"面板底部的"添加适量蒙版" ▢ 按钮，在图层上添加图层蒙版并对其进行编辑，从而实现图层的渐隐效果。下面使用图层蒙版制作一个蒙太奇照片效果，如图 9-46 所示。

图 9-46　蒙太奇照片效果

【操作步骤】

（1）打开"素材"/"海景.jpg""女孩 A.jpg"素材文件，如图 9-47 所示。

图 9-47　海景图像和女孩图像

（2）将女孩图像拖到"海景.jpg"文档中，生成图层 1，执行"编辑"→"变换"→"水平翻转"命令，将女孩图像水平翻转并移到海景图像右侧位置，之后单击"图层"面板底部的"添加适量蒙版"■按钮在图层 1 上添加图层蒙版，如图 9-48 所示。

图 9-48　水平翻转并添加图层蒙版

（3）按快捷键"D"将前景色和背景色恢复为系统默认的白色和黑色，激活"渐变工具"■，在"渐变编辑器"对话框中展开"基础"选项，单击"黑色到白色"按钮，选择"径向渐变"■方式，在图层 1 的女孩图像上按住鼠标左键由中心向一边进行拖动，即可填充渐变色，如图 9-49 所示。

图 9-49　填充渐变色

（4）这样一来，图层 1 中的女孩图像在图层蒙版的作用下，会使其人物周围的图像与海景图像自然融合，形成一组蒙太奇照片效果，如图 9-50 所示。

图 9-50　蒙太奇照片

9.2.2　课堂讲解——图层蒙版的操作

用户除了可以在"图层"面板中添加图层蒙版，还可以执行菜单栏中的"图层"→"图层蒙版"→"显示全部"或"隐藏全部"命令添加图层蒙版。其中，通过"显示全部"命令添加的图层蒙版可以使图像完全显示，通过"隐藏全部"命令添加的图层蒙版可以使图像全部透明。

另外，在图层中创建选区后，执行"图层"→"图层蒙版"→"显示选区"或"隐藏选区"命令，可以在选区中添加图层蒙版，如图9-51所示。

图 9-51　在选区中添加图层蒙版

按住鼠标左键将图层蒙版拖到"图层"面板的"删除图层" 按钮上，释放鼠标左键会弹出警告对话框，如图9-52所示。单击"应用"按钮，删除图层蒙版后仍应用图层蒙版效果；单击"取消"按钮，取消该操作；单击"不应用"按钮，删除图层蒙版后不应用图层蒙版效果。

图 9-52　弹出警告对话框

执行"图层"→"图层蒙版"→"删除"命令，会直接将图层蒙版移除；执行"图层"→"图层蒙版"→"应用"命令，会在移除图层蒙版后仍应用图层蒙版效果；执行"图层"→"图层蒙版"→"停用"命令，停用图层蒙版。图层蒙版停用后，在图层蒙版上会出现红色的叉，表示图层蒙版已经停用，如图9-53所示。

图 9-53　停用图层蒙版

在停用的图层蒙版上单击，即可启用图层蒙版。

9.2.3　课堂讲解——快速蒙版及其应用

与图层蒙版不同，快速蒙版是在对图像进行临时编辑时用于保存选区的一种蒙版。这种蒙版可以对选区进行调整，一般只有在 Alpha 通道中建立选区之后才会出现，在图像编辑完成之后会自动消失。

快速蒙版类似于选区，可以很清楚地划分出可编辑（白色区）与不可编辑（黑色区）的图像范围，并使用绘图笔刷、橡皮擦工具，以及图像调整命令对可编辑区域进行编辑。同时，快速蒙版还可以对原有的图像范围进行修饰，从而更精确地编辑图像。

1. 创建快速蒙版

打开"素材"/"照片06.jpg"素材文件，双击工具箱中的"以快速蒙版模式编辑"◙按钮，弹出"快速蒙版选项"对话框，同时"图层"面板中的图层呈浅红色，如图 9-54 所示。

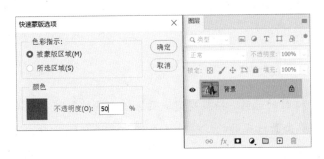

图 9-54　"快速蒙版选项"对话框和"图层"面板

被蒙版区域：选中"被蒙版区域"单选按钮，编辑区域会被遮住，取消蒙版后，该区域不可编辑。

所选区域：选中"所选区域"单选按钮，未编辑区域会被遮住，取消蒙版后，该区域不可编辑。

颜色：用于设置蒙版颜色，默认为红色（该颜色与编辑蒙版的效果无关）。

不透明度：用于设计快速蒙版的透明度，默认为 50%。

设置完成后，单击"确定"按钮，创建快速蒙版并进入快速蒙版编辑状态。

2. 使用快速蒙版编辑图像

使用快速蒙版编辑图像的操作非常简单，一般可以在创建蒙版之后，先使用绘图工具编辑出图像的可编辑区域和不可编辑区域，再对图像进行其他编辑。

例如，激活"画笔工具"✐，选择合适的画笔大小，在照片中除人物图像之外的其他区域按住鼠标左键进行拖动，以制作蒙版，如图 9-55 所示。

小贴士

在使用"画笔工具"✐涂抹时，如果涂抹错误，则可以使用"橡皮擦工具"✐将其擦除。另外，涂抹的红色是系统默认的蒙版颜色，因为该颜色与编辑蒙版的效果无关，只起到一个显示蒙版的作用，所以用户可以单击"快速蒙版选项"对话框中的颜色按钮，在弹出的"选择快速蒙版颜色"对话框中重新设置一种颜色作为快速蒙版的颜色。

涂抹完成后，单击工具箱中的"以标注模式编辑"◙按钮，退出快速蒙版编辑模式，此时快速蒙版转换为选区，如图 9-56 所示。

图 9-55　沿人物边缘制作蒙版

图 9-56　退出快速蒙版编辑模式

小贴士

快速蒙版其实就是一个临时的选区，当编辑完成后，该选区被取消，如果以后还要继续使用该选区，则可以打开"通道"面板，单击面板底部的"将选区存储为通道"◙按钮，将选区保存到 Alpha 通道中，以便在之后想继续使用该选区时，直接单击"将通道作为选区载入"▢按钮即可。

9.2.4　课堂实训——使用快速蒙版增强图像的光影效果

使用快速蒙版可以快速建立选区，以便对图像进行编辑。打开"素材"/"风景 09.jpg"素材文件，下面使用快速蒙版对该风景图像进行处理，以增强图像的光影效果，如图 9-57 所示。

图 9-57　使用快速蒙版增强图像的光影效果

【操作步骤】

（1）双击工具箱中的"以快速蒙版模式编辑"◙按钮，弹出"快速蒙版选项"对话框，选中"所选区域"单选按钮，单击"确定"按钮，在图像上创建快速蒙版并进入快速蒙版编辑状态，如图 9-58 所示。

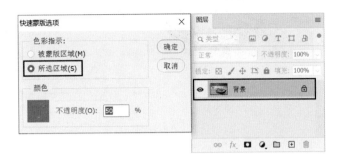

图 9-58　创建快速蒙版并进入快速蒙版编辑状态

（2）激活"渐变工具" ，选择"径向渐变" 方式，在图像左上方太阳位置按住鼠标左键向右水平拖动以编辑快速蒙版，之后单击工具箱中的"以标准模式编辑" 按钮，进入标准编辑模式，此时快速蒙版转换为选区，如图 9-59 所示。

图 9-59　编辑快速蒙版

（3）单击"图层"面板底部的"创建新的填充或调整图层" 按钮，在弹出的列表中选择"曲线"选项，新建"曲线 1"调整层并打开其"属性"面板，在曲线上单击鼠标左键以添加一个点，并将"输入"设置为 35，"输出"设置为 65，以调整图像，如图 9-60 所示。

图 9-60　调整图像

（4）在"属性"面板中选择"红"通道，在曲线上单击鼠标左键以添加一个点，并将"输入"设置为 65，"输出"设置为 45，以调整红色通道，如图 9-61 所示。

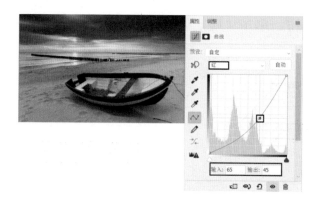

图 9-61　调整红色通道

（5）在"属性"面板中选择"绿"通道，在曲线上单击鼠标左键以添加一个点，并将"输入"设置为 60，"输出"设置为 45，以调整绿色通道，如图 9-62 所示。

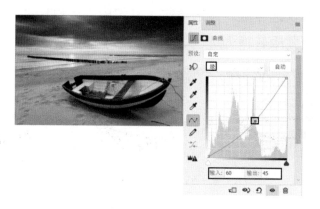

图 9-62　调整绿色通道

（6）在"属性"面板中选择"蓝"通道，在曲线上单击鼠标左键以添加一个点，并将"输入"设置为 45，"输出"设置为 65，以调整蓝色通道，如图 9-63 所示。

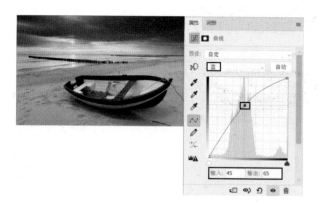

图 9-63　调整蓝色通道

（7）这样就完成图像光影效果的调整了。

综合实训——公益广告设计与制作

下面用前面章节所学知识，设计并制作一则"珍惜时间"的公益广告，以便对所学知识进行巩固，详细操作请观看视频讲解。

【操作提示】

1. 使用图层蒙版处理背景图像

（1）新建"宽度"为8厘米，"高度"为10厘米，"分辨率"为300像素/英寸的图像文件，使用蓝色（R:0、G:3、B:136）到浅蓝色（R:1、G:195、B:243）的渐变色以"线性渐变" 方式进行填充，如图9-64所示。

（2）打开"素材"/"水面.jpg"素材文件，将其拖到新建的图像文件中生成图层1，按快捷键"Ctrl+T"调整大小，并将其移到图像下方位置，以添加背景图像，如图9-65所示。

（3）为图层1添加图层蒙版，使用"黑色到白色"渐变色，选择"线性渐变" 方式，在图层1的蒙版上垂直拉动以编辑图像，使图层1与背景层融合，效果如图9-66所示。

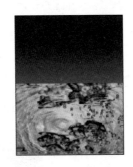

图9-64 填充渐变色　　图9-65 添加背景图像　　图9-66 图层蒙版效果

（4）首先激活"椭圆选框工具" ，在其选项栏中将"羽化"设置为30像素，并在图层1中创建圆形选区；然后执行"滤镜"→"扭曲"→"水波"命令，在弹出的"水波"对话框中设置参数，以制作波纹效果，如图9-67所示。

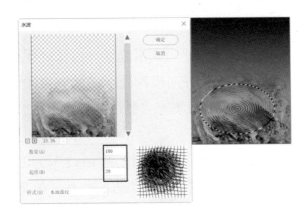

图9-67 制作波纹效果

2. 使用快速蒙版选取图像并制作特效

（1）打开"素材"/"钟表.jpg"素材文件，进入快速蒙版编辑模式，激活"画笔工具" ✐，沿钟表图像边缘填充颜色，以制作蒙版，之后退出快速蒙版编辑模式以选取钟表图像，并将钟表图像拖到新建的图像文件中，如图 7-68 所示。

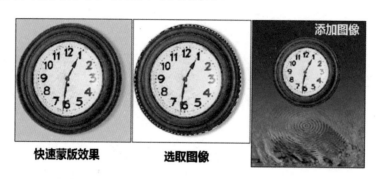

图 9-68　添加钟表图像

（2）将钟表图像复制为该图像的图层副本，执行"滤镜"→"液化"命令，分别激活"向前变形工具" 🖐 和"膨胀工具" 🔅，在其选项栏中设置合适的参数，对钟表图像进行处理，制作液体向下流淌的效果，如图 9-69 所示。

（3）载入钟表副本层的选区，激活"椭圆选框工具" ◯，在其选项栏中将"羽化"设置为 30 像素，将钟表副本层上方的选区减去，之后分别执行"滤镜"→"艺术效果"→"海绵"命令和"塑料包装"命令，制作冰的质感效果，如图 9-70 所示。

图 9-69　制作液体向下流淌的效果

图 9-70　制作冰的质感效果

（4）新建图层 3，先使用白色以"居中"方式沿选区对图像进行描边，再执行"滤镜"→"模糊"→"径向模糊"命令，对图像进行径向模糊处理，最后为图层 2 副本层添加图层蒙版，并选择"线性渐变" ▭ 方式，向图层蒙版填充"黑色到白色"渐变色，以调整钟表图像，如图 9-71 所示。

（5）将图层 2 副本层与图层 3 合并，按快捷键"Ctrl+T"为图层 3 添加自由变换框，并将其调整为合适大小，输入相关文字，完成公益广告的制作，效果如图 9-72 所示。

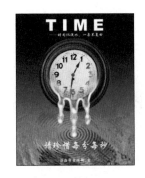

图 9-71 调整钟表图像　　　图 9-72 制作的公益广告效果

详细操作步骤见配套教学资源中的视频讲解。

表 9-3 所示为公益广告设计与制作的练习评价表。

表 9-3 公益广告设计与制作的练习评价表

练习项目	检查点	完成情况	出现的问题及解决措施
公益广告设计与制作	图层蒙版、滤镜处理	□完成　□未完成	
	框选工具、文字工具	□完成　□未完成	

知识巩固与能力拓展

1. 填空题

（1）有三种类型的通道，这三种类型的通道是（　　）、（　　）和（　　）。

（2）RGB 颜色模式的图像有（　　）个通道，分别是（　　）。

（3）用于存储图像选区的通道是（　　）。

（4）（　　）模式的图像只有一个灰色通道。

（5）只有一个索引通道的图像是（　　）模式的图像。

（6）多通道模式的图像其通道分别是（　　）。

2. 选择题

（1）在 RGB 颜色模式的图像中，当隐藏红色通道后，图像显示（　　）颜色信息。

A. 蓝色通道、绿色通道，以及 RGB 颜色通道

B. 红色通道、蓝色通道和绿色通道

C. 蓝色通道和绿色通道

D. 红色通道、蓝色通道、绿色通道，以及 RGB 颜色通道

（2）在一个 CMYK 颜色模式的图像中，当删除青色通道后，图像模式会转换为（　　）。

A. RGB 颜色模式　　B. CMYK 颜色模式　　C. Lab 颜色模式　　D. 多通道模式

（3）将 RGB 颜色模式的图像进行通道分离后，生成的单色图像是（　　　）。

A．红、绿和蓝灰度图像

B．红、绿、蓝灰度图像，以及 RGB 颜色图像

C．红、绿灰度图像和 RGB 彩色图像

D．RGB 彩色图像

（4）在合并通道时，可以将其图像合并为（　　　）模式的图像。

A．多通道　　　B．CMYK 颜色　　　C．RGB 颜色　　　D．Lab 颜色

（5）先将 RGB 颜色模式的图像进行通道分离，再合并为多通道模式的图像，此时图像的通道分别是（　　　）。

A．Alpha 1、Alpha 2 和 Alpha 3

B．RGB 颜色和 Alpha 1

C．RGB 颜色通道和红色通道、绿色通道、蓝色通道

D．RGB 颜色通道

3．操作题——制作霓虹灯文字效果

打开"素材"/"人物图像 .jpg"素材文件，根据前面章节所学知识，利用通道祛除该人物皮肤上的雀斑，使人物皮肤更光滑细腻，效果如图 9-73 所示。

图 9-73　原人物图像与处理后的人物图像效果比较

操作提示：

（1）执行"滤镜"→"模糊"→"表面模糊"命令，分别对红色通道、绿色通道和蓝色通道进行模糊处理，以祛除皮肤表面的雀斑。

（2）执行"滤镜"→"Camera Raw 滤镜"命令，继续对图像进行处理，以增强图像的清晰度和颜色，完成图像的处理。

工作任务分析

本章的主要任务是学习 Photoshop 中滤镜的应用方法和技巧，同时结合综合案例，对所学知识进行巩固练习。

知识学习目标

- 了解滤镜的类型。
- 掌握各类滤镜的操作方法。

技能实践目标

- 能够应用各类滤镜编辑图像。
- 能够结合所学知识对各种图像进行设计与制作。

10.1　认识滤镜

Photoshop 中有 100 多种滤镜，这些滤镜主要分为智能滤镜、滤镜库、特殊效果滤镜和滤镜组滤镜四大类，都被放置在"滤镜"菜单下，如图 10-1 所示。

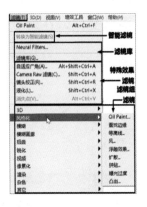

图 10-1　"滤镜"菜单

无论是哪种类型的滤镜，其本质都是一些图像增效工具，主要作用是帮助用户实现图像的各种艺术变形，如扭曲、模糊、浮雕、纹理质感等。本节将介绍滤镜的基础知识。

10.1.1 课堂讲解——滤镜的基本操作方法

无论是哪种类型的滤镜，其操作方法都比较简单，也都是相同的。首先打开需要进行滤镜效果处理的图像，然后在"滤镜"菜单下执行相关滤镜命令，在弹出的对话框中设置参数，即可实现对图像的处理。

例如，打开"素材"/"照片 15.jpg"素材文件，下面使用滤镜将该照片处理成为一幅线描画效果的图像，其操作方法如下。

执行"滤镜"→"风格化"→"查找边缘"命令，即可完成对该图像的"查找边缘"滤镜效果处理，如图 10-2 所示。

图 10-2 "查找边缘"滤镜效果

10.1.2 课堂讲解——智能滤镜

智能滤镜应用于智能对象，或者说所有应用于智能对象的滤镜都是智能滤镜。智能滤镜可以控制滤镜的作用范围，也可以隐藏或删除滤镜效果。另外，智能滤镜是非破坏性的滤镜，其参数和滤镜的作用范围都可以调整，甚至可以隐藏或移除滤镜效果。

打开"素材"/"金发女士 .jpg"素材文件，在背景层上单击鼠标右键，在弹出的快捷菜单中执行"转换为智能对象"命令，将其转换为智能对象，使背景层变为图层 0，如图 10-3 所示。

图 10-3 转换为智能对象

执行"滤镜"→"风格化"→"查找边缘"命令，对照片整体进行处理，此时图层 0 下方出现了"智能滤镜"和"查找边缘"两个蒙版，如图 10-4 所示。

图 10-4 智能滤镜效果

在"图层"面板中单击"智能滤镜"蒙版或"查找边缘"蒙版前面的眼睛图标使其消失，可以隐藏滤镜效果，如图 10-5 所示。

图 10-5 隐藏滤镜效果

单击"智能滤镜"蒙版将其激活，按快捷键"D"将前景色和背景色恢复为系统默认的颜色，激活"画笔工具" ，选择合适的画笔大小，在图层 1 的人物脸部位置进行涂抹，将脸部的滤镜效果清除，如图 10-6 所示。

图 10-6 编辑滤镜

10.1.3 课堂讲解——"Neural Filters"滤镜

Neural Filters 是一个新的工作平台，也是一个新的滤镜库。在目前版本中，"Neural Filters"滤镜包括"人像"、"创意"、"颜色"、"摄影"和"恢复"5 个类别，可以快速实现对各类照片的色彩进行调整着色，同时可以对照片中人物的情绪、年龄进行快速调整等，大幅减少图像处理的工作流程，如图 10-7 所示。随着版本的升级，还会推出更多效果。

图 10-7 "Neural Filters"滤镜设置

下面对"Neural Filters"滤镜的应用方法进行简单讲解，详细操作请读者观看视频讲解文件。

1．"人像"类别

"人像"类别包括"皮肤平滑度"、"智能肖像"和"妆容迁移"3个滤镜。

"皮肤平滑度"滤镜通过调整"模糊"和"平滑度"滑块的位置，消除人像中皮肤的瑕疵和痘痕，效果如图10-8所示。

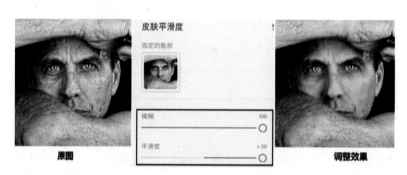

图 10-8 "皮肤平滑度"滤镜效果

"智能肖像"滤镜可以生成新的特征（例如，表情、面部年龄、光线、姿势和头发），创造性地调整人像，效果如图10-9所示。

图 10-9　"智能肖像"滤镜效果

"妆容迁移"滤镜可以尝试将嘴部和眼部的风格妆容图像从一张照片应用到另一张照片，如图 10-10 所示。

图 10-10　"妆容迁移"滤镜效果

2. "创意"类别

"创意"类别包括"风景混合器"和"样式转换"两个滤镜。

"风景混合器"滤镜通过与系统预设或自定义的另一幅图像混合，改变诸如时间和季节等属性，从而神奇地改变景观，如图 10-11 所示。

图 10-11　"风景混合器"滤镜效果

"样式转换"滤镜可以从参考图像中转移纹理、颜色和风格，或者应用特定艺术家的风格，如图 10-12 所示。

图 10-12　"样式转换"滤镜效果

3. "颜色" 类别

"颜色" 类别包括 "协调"、"色彩转移" 和 "着色" 3 种滤镜。

"协调" 滤镜可以协调两个图层的颜色和亮度，以形成完美复合，如图 10-13 所示。

图 10-13　"协调" 滤镜效果

"色彩转移" 滤镜可以创造性地将调色板从预设或自定义的图像中迁移至当前图像，如图 10-14 所示。

图 10-14　"色彩转移" 滤镜效果

"着色" 滤镜可以对彩色图像或黑白图像重新着色，如图 10-15 所示。

图 10-15　"着色" 滤镜效果

4. "摄影" 类别

"摄影" 类别包括 "超级缩放" 和 "深度模糊" 两种滤镜。

"超级缩放" 滤镜可以放大并剪切图像，之后利用 Photoshop 添加细节并补偿损失的细节。

"深度模糊" 滤镜可以在图像中创建环境深度以突出前景或背景对象，如图 10-16 所示。

5. "恢复" 类别

"恢复" 类别包括 "移除 JPEG 伪影" 和 "照片恢复" 两种滤镜。

"移除 JPEG 伪影" 滤镜可以移除压缩 JPEG 产生的伪影。

"照片恢复" 滤镜可以借助 AI 的强大功能快速恢复旧照片，提高对比度，增强细节，消除划痕，如图 10-17 所示。将该滤镜与 "着色" 滤镜相结合，可以进一步增强效果。

图 10-16 "深度模糊"滤镜效果 图 10-17 "照片恢复"滤镜效果

10.1.4 课堂讲解——"Camera Raw"滤镜

"Camera Raw"滤镜是一个非常重要的修图工具，包括"编辑""修复""蒙版""红眼"
"预设"等多种功能。

打开"素材"/"照片06.jpg"素材文件，执行"滤镜"→"Camera Raw"命令，弹出"Camera
Raw 15.3"对话框，如图 10-18 所示。

图 10-18 "Camera Raw 15.3"对话框

下面对"Camera Raw"滤镜的应用方法进行简单介绍，详细操作请读者观看视频讲解文件。

1. "编辑"功能

单击"Camera Raw 15.3"对话框右侧的"编辑"按钮，即可打开"编辑"功能面板，如图 10-19 所示。在"编辑"功能面板中包括"基本"、"曲线"、"细节"、"混色器"、"颜色分级"、"光学"、"几何"、"效果"和"校准"功能，可以对图像的色温、色调、曝光、对比度、清晰度、饱和度、曲线、镜头等一系列参数进行调整。

2．"修复"功能

单击"Camera Raw 15.3"对话框右侧的"修复" 按钮，打开"修复"功能面板，如图 10-20 所示。在"修复"功能面板中包括"内容识别移除" 、"修复" 和"仿制" 3 个工具，其操作方法与工具箱中工具的操作方法相同，通过这 3 个工具，可以修复图像的瑕疵，去除图像中不需要的对象等。

3．"蒙版"功能

单击"Camera Raw 15.3"对话框右侧的"蒙版" 按钮，打开"蒙版"功能面板，如图 10-21 所示。在"蒙版"功能面板中可以对主体、天空及背景分别创建蒙版，如果是人物照片，那么还可以分别对每一个人物创建蒙版，以便编辑图像。

图 10-19　"编辑"功能面板

图 10-20　"修复"功能面板

图 10-21　"蒙版"功能面板

4．"红眼"功能

单击"Camera Raw 15.3"对话框右侧的"红眼" 按钮，打开"红眼"功能面板，如图 10-22 所示，可以对图像中人物、动物的红眼进行处理，其操作方法与工具栏中"红眼工具" 的操作相同。

5．"预设"功能

单击"Camera Raw 15.3"对话框右侧的"预设" 按钮，打开"预设"功能面板，如图 10-23 所示。在"预设"功能面板中有多达上百种的系统预设效果，可以快速实现对图像的效果处理。

图 10-22　"红眼"功能面板　　　　图 10-23　"预设"功能面板

使用"Camera Raw"滤镜对图像进行各种效果处理，如图 10-24 所示。

图 10-24　"Camera Raw"滤镜效果

10.1.5　课堂讲解——特殊效果滤镜之"液化"滤镜

"液化"滤镜属于特殊效果滤镜之一，通过推、拉、旋转、扭曲、收缩等变形效果，可以修饰图像的任何区域，使其形成一种特殊效果，其对话框如图 10-25 所示。

"液化"滤镜的操作比较简单，首先在"液化"对话框左侧的工具栏中选择相关工具，然后在其右侧设置工具参数，最后在图像中进行操作，即可实现对图像的艺术效果编辑。详细操作请读者观看视频讲解文件。

"向前变形工具"：使用该工具向前推动像素对图像进行变形。

"重建工具"：恢复变形的图像。

"平滑工具"：平滑处理变形的图像。

"顺时针旋转扭曲工具"：沿顺时针旋转扭曲变形图像。

"皱褶工具"：使像素向画笔区域的中心移动，产生内缩效果。

"膨胀工具"：使像素从画笔区域的中心向外移动，产生向外膨胀效果。

"左推工具"：向下移动时像素向右移动，向上移动时像素向左移动。

"冻结蒙版工具"：按住鼠标左键在图像上进行拖动创建蒙版，蒙版区域受到保护不能进行编辑操作。

"解冻蒙版工具"：按住鼠标左键在蒙版上进行拖动可以解冻蒙版。

图 10-26 所示为"液化"滤镜的各种处理效果。

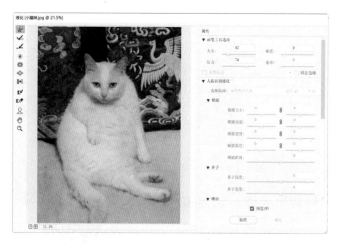

图 10-25　"液化"滤镜

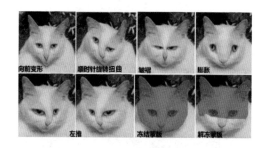

图 10-26　"液化"滤镜的各种处理效果

"脸部工具" ：主要针对人物图像进行处理。激活该工具，在右侧调整各参数，可以对人物的五官及脸部表情进行特殊处理，如图 10-27 所示。

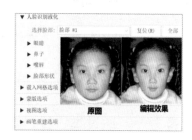

图 10-27　编辑人物

10.1.6　课堂讲解——特殊效果滤镜之"消失点"滤镜

使用"消失点"滤镜可以在有透视平面的图像中指定平面，并对其进行绘画、仿制、复制粘贴等操作，从而实现特殊效果。

打开"素材"/"蝴蝶图案 .jpg"素材文件，如图 10-28 所示，按快捷键"Ctrl+A"将其全部选中，按快捷键"Ctrl+C"将其进行复制，之后关闭该图像文件。

打开"素材"/"立方体 .PSD"素材文件，执行"滤镜"→"消失点"命令，弹出"消失点"对话框，激活"创建平面工具" ，在左侧单击平面的 4 个顶点以创建平面，如图 10-29 所示。

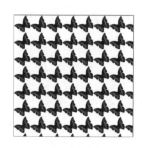

图 10-28　打开"蝴蝶图案 .jpg"素材文件

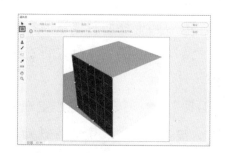

图 10-29　创建平面（1）

激活"编辑平面工具"🅺，按住"Ctrl"键的同时在平面的控制点上按住鼠标左键向立方体上方的平面进行拖动，即可在该平面上创建一个平面；按住"Ctrl"键的同时在该平面控制点上按住鼠标左键向下进行拖动，即可在右侧平面上再创建一个平面，如图 10-30 所示。

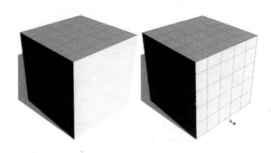

图 10-30　创建平面（2）

按快捷键"Ctrl+V"将复制的蝴蝶图像粘贴进来，并使用"矩形选框工具"▭将其拖到左侧的平面上，蝴蝶图像会自动适应平面，如图 10-31 所示。

再次粘贴蝴蝶图像，并使用相同的方法将其拖到上方和右侧的平面上，如图 10-32 所示。

 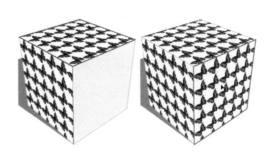

图 10-31　将蝴蝶图像粘贴到左侧平面上　　图 10-32　将蝴蝶图像粘贴到其他平面上

单击"确定"按钮，完成该操作。需要注意的是，如果粘贴的图像大小与平面不匹配，则可以激活"自由变换工具"⤢，以调整图像的大小，也可以使用"仿制工具"🝊或"画笔工具"🖊在平面内复制图像或进行绘画，还可以使用"缩放工具"🔍缩放图像，使用"推手工具"✋移动图像，以便更精确地编辑图像。

10.1.7　课堂讲解——滤镜库

滤镜库是一个集合了大多数常用滤镜的对话框，可以对图像应用一个或多个滤镜，或者对一个图像多次应用一个滤镜，也可以替换滤镜。

打开"照片 11.jpg"素材文件，执行"滤镜"→"滤镜库"命令，弹出"滤镜库"对话框，单击"素描"文件夹前面的▼按钮将其展开，选择"绘图笔"滤镜，将其应用到图像上，之后在右侧调整该滤镜的各参数，对图像进行处理，效果如图 10-33 所示。

图 10-33　"绘图笔"滤镜效果

单击面板底部的"新建效果图层" ⊞ 按钮，新建一个效果图层，该图层将沿用上一次的滤镜再次对图像进行处理。选中新建的效果图层，选择"半调图案"滤镜，将该滤镜继续应用到效果图层上，之后在右侧调整该滤镜的各参数，对图像进行处理，效果如图 10-34 所示。

图 10-34　"半调图案"滤镜效果

使用相同的方法，继续新建效果图层，并选择其他滤镜对图像进行处理，处理完成后，单击"确定"按钮，关闭该对话框。

10.1.8　课堂讲解——滤镜组

滤镜组是一些常用滤镜命令的组合。在每一个滤镜组的子菜单中都包含多个滤镜命令，可以实现对图像的各种艺术效果处理。图 10-35 所示为"风格化"滤镜组及其子菜单命令。

图 10-35　"风格化"滤镜组及其子菜单命令

滤镜组中滤镜的操作比较简单，打开"素材"/"女孩 A.jpg"素材文件，下面使用"渲染"滤镜组中的"图片框"滤镜为该图像制作一个图片框，并通过该案例学习滤镜组中滤镜的使用方法和技巧。

首先执行"画框大小"命令将照片的画布向四周扩大 5 厘米，预留出画框的位置；然后执行"滤镜"→"渲染"→"图片框"命令，弹出"图案"对话框，分别在"图案"、"花"和"叶子"下拉列表中选择喜欢的图案、花朵及叶子，并设置其参数，如图 10-36 所示。

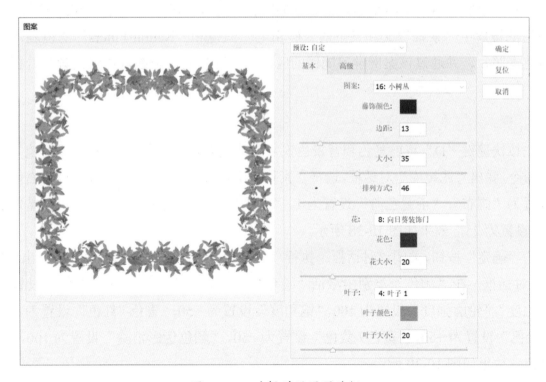

图 10-36　选择并设置图片框

单击"确定"按钮，这样就为图像增加了一个图片框，效果如图 10-37 所示。

图 10-37　添加图片框效果

10.2　滤镜的应用

滤镜的功能非常强大，图像的许多艺术效果，并不需要太复杂的操作，只需一个滤镜命令就可以实现。即使是一些较为复杂的艺术效果，也只需 2 ～ 3 个滤镜命令的叠加处理就可以实现。本节通过 6 个具有代表性的案例操作，介绍滤镜的应用技术。由于篇幅所限，其他滤镜的应用，读者可以自己尝试操作。

10.2.1　课堂实训——"留住岁月"之复古彩色老照片

复古彩色老照片可以带给我们许多美好的回忆。打开"素材"/"照片 18.jpg"素材文件，下面使用滤镜库中"素描"文件夹下的"碳精笔"滤镜和"Neural Filters"滤镜制作高质量复古彩色老照片，并通过该案例学习滤镜的应用方法和技巧，详细操作请读者观看视频讲解文件。

【操作提示】

首先按快捷键"D"将前景色和背景色恢复为系统默认的颜色，然后执行"滤镜"→"滤镜库"命令，弹出"滤镜库"对话框，选择"素描"文件夹下的"碳精笔"滤镜，将右侧的"纹理"设置为"画布"，"前景色阶"设置为 1，"背景色阶"设置为 15，"缩放"设置为 200%、"凸现"设置为 25，效果如图 10-38 所示。

单击"确定"按钮，关闭该对话框。执行"滤镜"→"Neural Filters"命令，弹出"Neural Filters"对话框，在"颜色"类别中激活"着色"滤镜，将右侧的"配置文件"设置为"复古高对比度"，"轮廓强度"设置为 100，"饱和度"设置为 +50，"青色 / 红色"设置为 +50，"洋红色 / 绿色"设置为 +50，"黄色 / 蓝色"设置为 −50，"颜色伪影消除"设置为 100，调整照片的颜色，效果如图 10-39 所示。

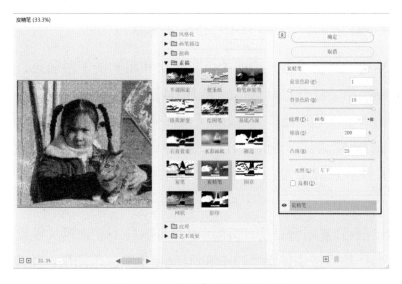

图 10-38　"炭精笔"滤镜效果

图 10-39　"Neural Filters"滤镜效果

　　单击"确定"按钮，完成高质量复古彩色老照片的制作。原照片与复古彩色老照片效果比较如图 10-40 所示。

图 10-40　原照片与复古彩色老照片效果比较

10.2.2　课堂实训——"绘画艺术"之油画自画像

油画是一门高雅的绘画艺术，其绚丽的色彩对比和粗犷的笔触效果，带给人的视觉感受是任何照片都无法相比的。打开"素材"/"照片04.jpg"素材文件，下面使用滤镜库中"艺术效果"文件夹下的"干画笔"滤镜、"纹理"文件夹下的"纹理化"滤镜，以及"风格化"滤镜组中的"Oil Paint"滤镜，制作一幅油画自画像，并通过该案例学习滤镜的应用方法和技巧，详细操作请读者观看视频讲解文件。

【操作提示】

首先按快捷键"Ctrl+J"复制背景层，即图层1并将图层1混合模式设置为"颜色加深"，"不透明度"设置为50%；然后按快捷键"Ctrl+Shift+Alt+E"盖印图层，生成图层2；最后执行"滤镜"→"滤镜库"命令，弹出"滤镜库"对话框，选择"艺术效果"文件夹下的"干画笔"滤镜，将其右侧的"画笔大小"设置为10，"画笔细节"设置为0，"纹理"设置为3，效果如图10-41所示。

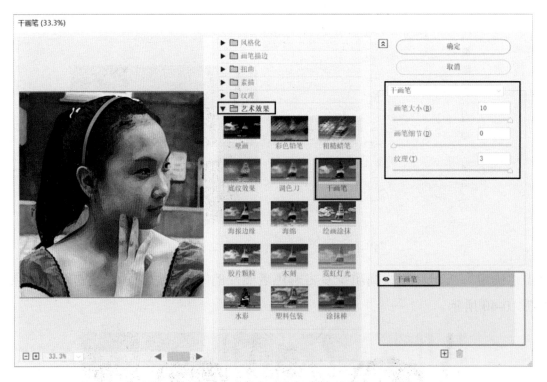

图10-41　"干画笔"滤镜效果

单击"确定"按钮，关闭该对话框。执行"滤镜"→"纹理"→"纹理化"命令，弹出"纹理化"对话框，选择"纹理"文件夹下的"纹理化"滤镜，将其右侧的"纹理"设置为"画布"，"缩放"设置为200%，"凸现"设置为15，其他选项保持默认设置，效果如图10-42所示。

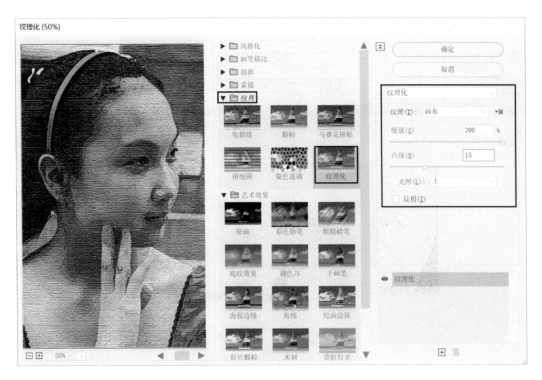

图 10-42 "纹理化"滤镜效果

单击"确定"按钮，关闭该对话框。执行"图像"→"调整"→"色相/饱和度"命令，弹出"色相/饱和度"对话框，将"色相"设置为+5，"饱和度"设置为+50，其他选项保持默认设置，单击"确定"按钮，完成油画效果的制作。原照片和油画自画像的对比如图 10-43 所示。

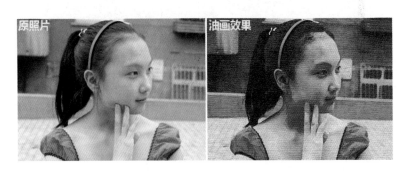

图 10-43 原照片和油画自画像的对比

10.2.3 课堂实训——马赛克背后的故事

在人物照片上打马赛克，不仅可以保护照片人物隐私，还可以掩盖照片上比较敏感的画面。打开"素材"/"人物图像 01.jpg"素材文件，下面使用"像素化"滤镜组中的"马赛克"滤镜在照片中人物脸部的局部位置制作马赛克效果，同时学习滤镜的应用方法和技巧，详细操作请读者观看视频讲解文件。

【操作提示】

首先激活"矩形选框工具"[ ]，在其选项栏中将"羽化"设置为 50 像素；然后将照片中人物的右半边头像选中，执行"滤镜"→"像素化"→"马赛克"命令，在弹出的"马赛克"对话框中根据效果需要设置参数。例如，将"单元格大小"设置为 200 方形，效果如图 10-44 所示。

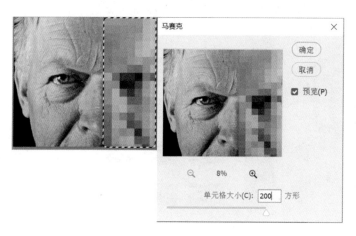

图 10-44 马赛克效果

单击"确定"按钮，关闭该对话框。按快捷键"Ctrl+D"取消选区，完成照片局部马赛克效果的制作。原照片与局部马赛克效果的对比如图 10-45 所示。

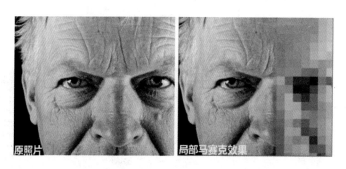

图 10-45 原照片与局部马赛克效果的对比

10.2.4 课堂实训——"插画"之黑白之美

插画是一种艺术形式，也是现代社会中最重要的视觉表达形式，其中黑白插画通过独特的线条和强烈的黑白颜色对比，表现出节奏、韵律、均衡、对比的画面，让受众无论是视觉上还是精神上，都能感受到黑白之美。

打开"素材"/"照片 08.jpg"素材文件，下面使用"素描"文件夹下的"撕边"滤镜制作黑白插画效果，感受黑白插画带给我们的黑白之美，同时学习滤镜的应用方法和技巧，详细操作请读者观看视频讲解文件。

【操作提示】

按快捷键"D"将前景色和背景色恢复为系统默认的颜色,执行"滤镜"→"滤镜库"命令,弹出"滤镜库"对话框,选择"素描"文件夹下的"撕边"滤镜,将其右侧的"图像平衡"设置为17,"平滑度"设置为15,"对比度"设置为10,如图10-46所示。

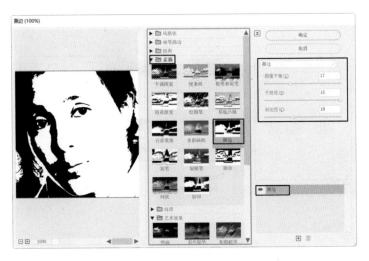

图 10-46 "撕边"滤镜效果

单击"确定"按钮,完成黑白插画效果的制作,如图10-47所示。

图 10-47 黑白插画效果

10.2.5 课堂实训——"四色印刷"之双色人物画

四色印刷是用减色法三原色颜色(黄色、洋红、青色)及黑色进行印刷,当将印刷物放大到足够大时,就能清晰地看到印刷的色点,给人一种独特的视觉感受。

打开"素材"/"照片01.jpg"素材文件,下面使用"素描"文件夹下的"撕边"和"半调图案"两个滤镜,制作四色印刷人物画,了解印刷技术,感受印刷的艺术魅力,同时学习滤镜的应用方法和技巧,详细操作请读者观看视频讲解文件。

【操作提示】

将前景色设置为红色(R: 255、G: 0、B: 0),背景色设置为黄色(R: 255、G: 255、B:

0）。依照 10.2.4 节的操作，首先使用"素描"文件夹下的"撕边"滤镜对人物照片进行处理，然后单击"滤镜库"对话框右下方的"新建效果图层" ⊞ 按钮，新建一个效果图层，选择"半调图案"滤镜替换默认的"撕边"滤镜，并将右侧的"图案类型"设置为"网点"，"大小"设置为 5，"对比度"设置为 50，制作印刷网点效果，如图 10-48 所示。

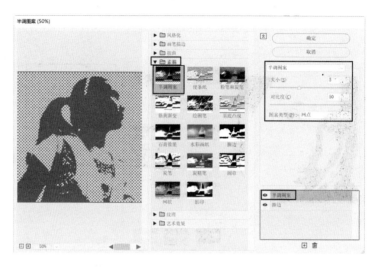

图 10-48　"半调图案"滤镜效果

单击"确定"按钮，完成四色印刷人物画的制作。原照片与四色印刷人物画的对比如图 10-49 所示。

图 10-49　原照片与四色印刷人物画的对比

10.2.6　课堂实训——"烙印文化"之套色烙画

烙画起源于战国时期的烙印文化，而烙印是马匹的标记。汉代由"烙印"发展出"烙花"，用于装饰木质器皿，之后由"烙花"发展出"烙画"。

烙画是用烧热的烙铁在平整优良的木板、纸、绢等材料上，以"烙烫"形式进行图画的创作，并进行套色烙画。烙画彻底改变了烙花的原始工艺性，成为绘画的一种新的表现形式。

打开"素材"/"金发女士 .jpg"素材文件，下面使用"艺术效果"文件夹下的"木刻"滤镜，制作套色烙画人物画，感受烙印文化之美，同时学习滤镜的应用方法和技巧，详细操作请读者观看视频讲解文件。

【操作提示】

执行"滤镜"→"滤镜库"命令，在弹出的"滤镜库"对话框中选择"艺术效果"文件夹下的"木刻"滤镜，将右侧的"色阶数"设置为 5，"边缘简化度"设置为 0，"边缘逼真度"设置为 3，如图 10-50 所示。

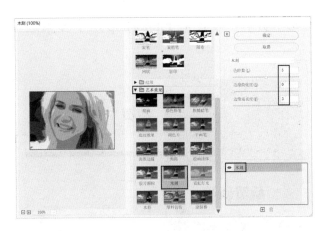

图 10-50　"木刻"滤镜效果

单击"滤镜库"对话框右下方的"新建效果图层"按钮，新建一个效果图层，选择"绘画涂抹"滤镜替换默认的"木刻"滤镜，并将右侧的"画笔类型"设置为"简单"，"画笔大小"设置为 1、"锐化程度"设置为 40，继续处理图像，效果如图 10-51 所示。

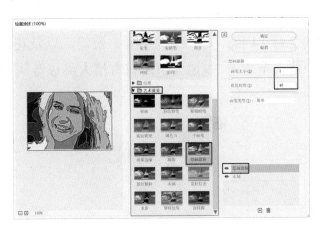

图 10-51　"绘画涂抹"滤镜效果

单击"确定"按钮，完成套色烙画效果的制作。原照片与套色烙画的对比如图 10-52 所示。

图 10-52　原照片与套色烙画的对比

10.3 综合案例

10.3.1 龙年贺卡设计

下面设计并制作一个龙年贺卡，以便对 Photoshop 所学知识进行巩固练习。龙年贺卡效果如图 10-53 所示。

图 10-53 龙年贺卡效果

龙年贺卡设计的详细操作过程请读者观看视频讲解。

10.3.2 情人节贺卡设计

情人节在每年公历的 2 月 14 日，是一个关于爱、浪漫，以及花、巧克力、贺卡的节日。下面就来设计并制作一个情人节贺卡，祝愿天下所有有情人终成眷属，其效果如图 10-54 所示。

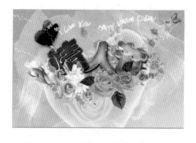

图 10-54 情人节贺卡效果

情人节贺卡设计的详细操作过程请读者观看视频讲解。

10.3.3 商场 POP 广告设计

POP 广告是许多广告形式中的一种，是英文 Point of Purchase Advertising 的缩写，即"购买点广告"，简称 POP 广告。下面设计并制作一款商场新品上架的 POP 广告，以便对所学知识进行巩固练习。商场 POP 广告效果如图 10-55 所示。

图 10-55 商场 POP 广告效果

商场 POP 广告设计的详细操作过程请读者观看视频讲解。

10.3.4 环保公益广告设计

公益广告是一种不以盈利为目的的广告，下面就来设计一则"低碳节能，环保地球"的公益广告，"低碳节能，环保地球"公益广告效果如图 10-56 所示。

图 10-56 "低碳节能，环保地球"公益广告效果

环保公益广告设计的详细操作过程请读者观看视频讲解文件。

10.3.5 食品包装设计

食品包装是食品走向市场必不可少的环节。食品包装设计的好坏，会直接影响食品的销售。下面对"莲子月饼"进行包装设计，其设计内容包括平面效果和立体效果两部分。"莲子月饼"包装设计的展开效果和立体效果如图 10-57 所示。

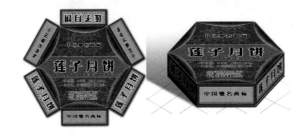

图 10-57 "莲子月饼"包装设计的展开效果和立体效果

食品包装设计的详细操作过程请读者观看视频讲解文件。

10.3.6 电商 Banner 设计

电商 Banner 也被称为电商广告图，主要用于网站、活动宣传广告、报纸杂志等媒介中，是互联网广告中最基本的广告形式。在一般情况下，Banner 包括题图 Logo 图片、题图大图、正文标题栏上翻时的图片、面板标题栏下翻时的图片，以及正文布景图片等，但因其具体应用场景不同，其具体内容和形式可能也会有所不同。下面就来设计并制作一个双十一的电商 Banner。双十一电商 Banner 图的效果如图 10-58 所示。

图 10-58　双十一电商 Banner 图的效果

电商 Banner 设计的详细操作过程请读者观看视频讲解文件。

10.3.7 电商主图设计

电商主图其实就是在搜索商品时针对店铺或商品的海报。主图是店铺的脸面，通过主图可以吸引买家的注意，使其查看图片。下面就来设计并制作某店铺的主图。电商主图效果如图 10-59 所示。

图 10-59　电商主图效果

电商主图设计的详细操作过程请读者观看视频讲解文件。

反侵权盗版声明

电子工业出版社依法对本作品享有专有出版权。任何未经权利人书面许可，复制、销售或通过信息网络传播本作品的行为；歪曲、篡改、剽窃本作品的行为，均违反《中华人民共和国著作权法》，其行为人应承担相应的民事责任和行政责任，构成犯罪的，将被依法追究刑事责任。

为了维护市场秩序，保护权利人的合法权益，我社将依法查处和打击侵权盗版的单位和个人。欢迎社会各界人士积极举报侵权盗版行为，本社将奖励举报有功人员，并保证举报人的信息不被泄露。

举报电话：（010）88254396；（010）88258888
传　　真：（010）88254397
E-mail： dbqq@phei.com.cn
通信地址：北京市万寿路 173 信箱
　　　　　电子工业出版社总编办公室
邮　　编：100036